Cal Newport 卡爾・紐波特

淺薄時代
個人成功的關鍵能力

暢・銷・新・裝・版

深度工作力

Rules for Focused
Success in a Distracted World

吳國卿　譯

Deep Work

CONTENTS

REVIEW
各界好評

《Deep Work 深度工作力》是知識經濟的殺手級應用：只有靠高度專注，才能嫻熟一種困難的技藝，或解決一個艱深的問題。

——《經濟學人》（*Economist*）

精彩地把一連串內容豐富的策略、哲學、準則和技巧結合交融，可以磨利你的專注，引領你深入你的工作。

—— 800-CEO-READ

紐波特在自助類書作者中稱得上佼佼者。

——《紐約時報》（*New York Times*）

這是一本精闢入裡、絕不淺薄的書，能豐富你的人生。

——《環球郵報》（*Globe and Mail*）

這本書完成了兩個了不起的任務：一是舉出大量實作例子，而不是空口虛言；第二是紐波特抗拒了不停建立連結的企業集體思維，卻又不顯得頑固。

——《華爾街日報》（*Wall Street Journal*）

最有力的觀念是，把深度工作視為另一件你必須塞進時間表的事是錯的。紐波特的建議將改變你剩餘的時間，你可以快速擺脫淺薄工作，消除浪費在轉換任務的時間，更加投入你的家庭生活。簡而言之，深度與圓滿的生活並不衝突——我完全相信，深度能促進圓滿的生活。

——柏克曼（Oliver Burkeman），《衛報》（*Guardian*）

我們被淹沒在電子郵件、簡訊和社群媒體等分心事物中，它們竊走了我們的注意力。紐波特帶給我們一些充滿希望的消息：把專注和努力放在創造有價值的工作，仍是一種頂級技巧。他為可能迷失的人指出一條發掘這種技巧的道路。

——柏克斯（David Burkus），IDEAS.TED.COM

值得你分神一讀。

—— ValueWalk

《Deep Work 深度工作力》為培養高度專注做了極具說服力的論證，並提供立即可行的步驟讓我們將它納入生活中。

紐波特是嘈雜世界中的鏗鏘之聲，引導我們同等看待科學與熱情。我們不需要更多的點擊、更多的貓和更多的表情符號。我們需要大膽的工作，需要在我們拒絕轉移目光時才會發生的工作。

在自動化和委外正重新塑造職場之際，我們需要什麼新技能？——深度工作力。紐波特令人振奮的新書，介紹並教導我們在免於分心的環境中保持高度專注的方法，創造快速且強力的學習成果與績效。把它視為心智的柔軟體操，今天就開始你的鍛鍊計畫。

這是一本讓各行各業的專業人士在人才濟濟的市場中脫穎而出的指南書。紐波特的新書證明他不愧是談論未來職場最有啟發性的思想家之一。

紐波特為重新掌控心智力量，提供了我所見過最豐富和最聰明的練習建議。

——柯勞佛（Matthew Crawford）
《摩托車修理店的未來工作哲學》（*Shop Class as Soulcraft*）作者

《Deep Work 深度工作》是我最愛的書之一，當我說這是一本改變我人生的書時，我並不是在開玩笑。我想它也可以改變你的人生。

——麥凱（Brett McKay）
《男子氣概的藝術》（*The Art of Manliness*）作者

你以為自己已經很了解這方面的事，但《Deep Work 深度工作力》以獨特而有用的見解，出乎意料地給你一記當頭棒喝。光看原則三討論的「拒絕任何好處心態」，就值回你買這本書的錢。

——席佛斯（Derek Sivers）
sivers.org 創辦人

FOREWORD

學習深度工作，當更好的
工作人和經理人

翟本喬 ｜ 和沛科技創辦人

今天，社群網站和即時通訊軟體是我們生活的中心，大家每隔幾分鐘就會檢查一次手機，或被叮咚聲打擾。然而，這樣的行為模式對我們的生產力帶來了什麼樣的影響？

作者在這本書中強調「深度工作」——也就是能夠用一段不受中斷的長時間進行一件工作——的重要性。除了提出一些著名成功人士的例子之外，他也用心理學和生理學的證據來說明為何聚精會神工作能帶來的回收，遠大於投入時間的正比。一般人以為電子郵件、即時通訊，以及社群網站能夠帶來便捷，事實上卻造成了每個人工作內容的淺薄化。不停被打斷的結果，導致我們只能一直去完成許多不重要的小件工作，而無法產生需要長時間專心才能獲致的突破。

知識經濟時代，你必須學會深度工作

在工業化時代初期，工廠仰賴大量的作業員來創造與人數成正比的產值。建置一條產線的成本可能是 1,000 萬元，之後每一件產品的成本是 10 元，你的競爭力可以來自於降低複製成本：如果你每生產一件產品的成本只要 5 元，那麼消費者也許會容忍你用 500 萬元產線生產出來的次級品。

然而，在知識工作的時代，複製軟性產品的成本大幅降低，一個軟體的開發成本可能是 1,000 萬元，而每複製一件只要 1 分錢。這時候，你能藉著降低單件生產成本來提升競爭力就極度有限了。競爭力必須來自於產品品質的提升，而品質的提升，就來自於高品質、深度的工作。

在今天的產業界或學術界來說，大量的人從事淺薄工作所能獲致的產出，是沒有累加價值的。有一個很好的比喻：五音不全的人，就算再多個，加在一起也不會變出一個超級巨星。超級巨星的價值，來自於他深度工作的產值。而這種技能的養成，又何嘗不是來自類似深度工作的學習歷程？

大家可能還記得中學時讀過的這篇古文：「今夫弈之為數，小數也；不專心致志，則不得也。弈秋，通國之善弈者也。使弈秋誨二人弈，其一人專心致志，惟弈秋之為聽。一

人雖聽之，一心以為有鴻鵠將至，思援弓繳而射之，雖與之俱學，弗若之矣。為是其智弗若與？曰：非然也。」聰明才智相當的人，在專心與不專心的狀況下，所能得到的學習效果，差異是非常大的。工作的產出，也是一樣。

為自己和團隊創造深度工作的環境

作者在本書中段開始為讀者提供進行深度工作的實際方法。不像很多宣教式的作者只是一味列舉他們倡導的方式，本書作者考慮到很多人在工作中必須面對的現實需求。當他們無法採用嚴格的深度工作紀律時，作者提出了許多折衷方案，不過原則都是一致的：排除一切可能的干擾，尤其是今天無遠弗屆的電子工具。

我在博士班後期有很多打工機會，其中最有成就感的幾件，都是在短期密集工作的情況下完成的。比方說 1998 年為標準普爾製作的金融商品效益分析工具專案，我決定接案之後就排開一切其他事務，花了七天把甲骨文資料庫和 SQL 語言搞懂，再花了兩個星期完成整個系統；而這是安德森事務所原本估計要花 21 個月的工作。

雖說我有這樣的工作效率，但如果有三件同樣規模的專案正在進行，我絕對要花不止三倍的時間來完成，甚至可能

十倍都不止。

再回憶起 1990 年我為教授做的 NYUMINIX 專案：這是
一個學期每週兩個小時的工作。前面十個星期我幾乎沒有任
何進度，只完成了基本系統的安裝，因為我同時還在修三門
課，每週都有不同的作業在輪流占據我其他的時間。終於，
有一個週末我下定決心，麻煩我的女友幫我打點生活上其他
瑣事，自己從早到晚投入寫程式和偵錯，然後在週一開會時
帶著完全可用的成果去見教授，進度反而超前了四週。

現在的工作環境往往需要我們對客戶需求做出快速的反
應，使得經理人要求下屬隨時回覆電子郵件和即時訊息、參
加每一場會議，以免有所遺漏。但是，一個好的經理人，應
該要能了解自己團隊的能力以及最高產值的工作方式，進而
為團隊排除其他一切障礙。在有需要的時候，為他們創造一
個能夠深度工作的環境，就是經理人重要的貢獻之一。要達
成這個目標，本書絕對會成為一個重要的參考工具。

FOREWORD

這一年來我所期待的一本書

鄭國威 ｜ 泛科學總編輯及共同創辦人

認識我的朋友大概都知道，從去年（2016 年）年中到現在，我已經放過四次臉書假，每季一次，每次一個月，每次的放假方式都不太一樣。

我的臉書假實驗

第一次是完全刪除，就算只是用臉書帳號登入其他網站也沒有。一開始非常不習慣，畢竟在這之前，我已經持續使用臉書九年以上，沒有中斷過，那時幾乎算是有了戒斷症狀，腦子裡一直想著要上臉書、要發表、要談論……然後才想起自己不能使用臉書，直感渾身不對勁。但過了兩個禮拜，感覺就完全不同了，我發現之前「手機＋社群媒體」組合成的填鴨式雜訊狂流暫時停止後，我的大腦中開始出現碰撞整

合，許多極佳的點子因此迸發出來；過去想不通的事情，或是因為根本沒有靜下心想的事情，都想得更透澈了。

因為放臉書假，我才發現我過去長期把大腦的許多認知資源用來處理「資訊流」，彷彿是在生產線上負責分揀的工人般，不斷重複「盯著—發現—挑走」的流程，根本沒有時間、也沒有空間讓我的大腦去應用得到的大量訊息。

當然，還是得科學一點，畢竟才第一次放臉書假，還不太確定這是否是普遍情況，也不確定這樣的反饋是否只是一時的心理作用。過了兩個月，放第二次臉書假，然後再兩個月，放第三次；這兩個月的做法差不多，我還是不上臉書，但選擇把關閉臉書後多出來的時間，用來玩其他我過去沒在玩的社群，或是把荒廢的帳號復活，像是 Instagram 跟推特（Twitter）等。可想而知，這麼一來我還是花了不少時間和認知資源，效果也就沒有第一次那麼好，但卻明顯比較出來：比起其他社群媒體，臉書對一個人認知資源的使用率實在遠遠高出許多。

因此，剛剛過去的 2017 年 6 月，也就是我的第四次臉書假，跟先前有兩個不同之處，第一是，「不宣告就退出」，也就是我沒有如先前幾次放臉書假之前那樣，發一則宣告說「我接下來一個月不會上臉書喔」，而是說放就放。第二是，

其實我這個月還是有上臉書，但減少次數和時間，同時把「互動」這個至高無上的社群價值先冰凍起來，單純當個觀眾，不按讚、不分享、不留言、只瀏覽。簡單來說，就是把臉書當成傳統電視看。我把每一則從臉書牆上滑過的訊息，不管是來自於朋友、組織、媒體，還是網紅，都當成電視節目在看。我發現這可能正是臉書希望成為的模樣：淘汰 20 世紀的電視，成為 21 世紀的電視。

儘管 6 月的臉書假跟之前不一樣，我沒有真的騰出那麼多認知資源，但對我個人來說，我已經知道我該如何利用這項工具，而不是被工具所用。

了解社群媒體的優點與問題

我認為，社群媒體帶出的許多問題，無論是謠言、假新聞、霸凌、焦慮、過度炫耀、隱私瓦解，還是知識破碎化……都不是新玩意。這都是因為我們的大腦構造停留在狩獵採集時代，而科技進步太快，才造成了各種的認知不和諧。這樣的情況在過去一萬年中不斷發生，但規模跟速度的確擴大與加快了太多，使得我們不理解自己該在新的商業模式中扮演什麼角色。

我們太容易被舞台跟觀眾給迷惑，以為人人都該成為演

員，配合系統與演算法的要求（可能來自於人工智慧的判斷），在社群媒體上賣力取悅觀眾。大腦渴望快速反饋、追求榮耀、需要被傾聽的本能成了史上最大規模實驗的實驗品，多巴胺與腦內啡在腦中宛如水舞般的交錯噴發，跟著一則則訊息更新與持續累積又消除的紅底白色數字而旋轉、跳躍、降落。

我並不反對使用社群媒體，我明白社群媒體有很多用途跟優點，要不然我就不會只是放假，早該永久撤離了。但我非常建議大家都要明白使用社群媒體會對自己認知能力造成的問題，包括記憶力短暫、無法專注、對立即的社群跟系統回饋上癮，因而喪失深入思考、與自己對話的機會。有的人認為能夠快速切換注意力、同步多線處理工作當然很好，但其實大多數人只是自我欺騙，根本就應接不暇，包括以前的我在內。

此外，如果你的工作不需要專注，只需要淺層的認知，那可能也代表這樣的工作很容易被取代，不管是被其他人，或是有著人工智慧的機器人。

值得實踐的深度工作法

5月時我收到了《Deep Work 深度工作力》這本書，並

且在 6 月放臉書假期間開始閱讀，隨即發現這正是我這一年來期待、希望出現的一本書。本書提倡的深度工作模式，遠比我的臉書假嘗試更激進，但我覺得更值得實踐。

作者卡爾·紐波特從自身經歷與古今名人案例談起，引用了最新的科學研究，告訴我們為何想要彎道超車奔向成功的現代人，更需要重新檢視自己這種看似高效、高速，其實反而降低生產力的淺層工作模式。當下流行的快速切換、多線多工、破碎吸收、共同工作，以及大量與科技設備嵌合在一塊的工作型態，對於需要深度思考跟產出的工作者來說簡直是災難；認知耗竭的結果就是衝動、輕薄、焦慮，甚至以無知為傲。

正是因為太多人都已經難以自拔於流行的淺薄作業，若我們能掌握深度工作的訣竅跟價值，將可以破局而出。作者在書中提供了建議的做法，對我非常有啟發，我也打算在接下來的一年開始實驗。我想隨著本書出版，更多人會開始嘗試深度工作，我建議出版社不妨辦個深度工作大挑戰，讓大家在一年後來檢視看看成果如何。

畢竟，連機器都在深度學習了，人類怎能讓自己越來越淺薄呢？

自我精進，為每一個今天加油

鄭緯筌 ｜ 「Vista 寫作陪伴計畫」主理人

　　知道紐波特教授的這本精采著作《Deep Work 深度工作力》，其實已有一段時日，早先就在誠品書店翻閱過原文版，也對於他所提倡的「杜絕淺薄」理念深感認同。因為出版社的邀請，讓我有機會得以親炙中文版書稿，於是在寂靜的夜晚，花了近兩個小時專心閱讀。

　　可以一氣呵成地拜讀紐波特教授的大作，真的是一件過癮的事。拜讀完本書，個人實感收穫良多！我赫然發現，原來作者在書中提倡的諸多觀念，其實跟自己近年來的若干做法頗為類似。當然，我也自知還有不足的地方，值得檢討與改進，在看完本書之後，也獲得了一些觀念的啟迪。

當注意力成為稀有貨幣

言歸正傳，讓我們來談談「深度工作」這件事。當我首次接觸「深度工作」這個字詞的時候，便立刻想起專注力——在這個五光十色的世界上，每天有太多、太多新奇好玩或絢爛華麗的事物，正等著瓜分你我的注意力。

根據麥肯錫公司在 2012 年做的一項調查發現，一般知識工作者花超過 60％ 的工作時間在電子傳訊和網路搜尋上，光是用於閱讀和回覆電子郵件就花了工作日的近 30％。看到這個多年前的數據，讓我感到驚訝，現在大家耽溺在網路上的情況顯然又更加嚴重，我們都已經被手機和平板電腦等行動裝置制約了！

「時間就是生命，時間就是金錢。」富蘭克林的這句名言，現在聽起來格外刺耳，也特別有感觸。當時間的價值遠超過金錢時，注意力儼然已成為稀有貨幣。很多社會菁英或白領人士開始願意為了「省時」而花錢，卻也有人還在無謂地浪費時間，也難怪作者要振筆疾呼，希望大家可以把注意力放在最有生產力的地方。

書中提到，能與智慧機器一起工作並發揮創造力的人、各行各業的超級明星，以及有能力動用資本的人，這三類族

群，將在新經濟社會中擁有特別的優勢。如果我們先排除擁有資本力量的特定族群（畢竟不是每個人都有能力調度大量資金），那麼，想要在 21 世紀存活的關鍵能力是什麼？

紐波特教授認為是擁有快速精通專業技術的學習能力，以及在品質和速度上達到高水準的生產能力。他更進一步提出一個生產力公式，我覺得十分受用：「高品質的生產工作＝花費的時間✕專注的程度」。

試著量化自己的生產力

也許你會覺得量化自己的生產力並不容易，但其實一點也不難！除了我們應該擺脫手機的制約，現在還有很多數位工具和方法可以協助。

舉例來說，大家可能聽過「番茄鐘工作法」，也就是每工作 25 分鐘，就讓自己休息 5 分鐘，只要重複這個循環，便可透過提升短期的專注力，加速完成複雜的工作。現在有很多應用程式或網頁外掛提供番茄鐘程式，只要按幾個鈕就可以照表操課。在這裡，我推薦大家可以使用「番茄土豆」（https://pomotodo.com/apps）這款具有繁體中文介面的程式來提升工作的績效。

此外，我們還可以借助類似 toggl（https://www.toggl.com）等軟體的協助，具體量測我們花在工作和玩樂上的時間。也許你覺得滑滑手機、跟朋友聊聊 LINE 無傷大雅，但透過圖表的解析，更能鉅細靡遺地掌握自己每天的進程，以及無意間浪費的光陰。

作者一再提醒我們，要把自己的注意力專注在某個嘗試改善的技術或嘗試精通的思想上。舉例來說，最近我開始企劃一個名為「Fuel Up」的新媒體（http://www.fuelup.today），為了加快自己的腳步，我不但刻意增加寫作的速度與頻率，也以目標與成就導向來克服「容易分心」這個大敵──只要每完成一篇文章，就給自己一點小獎勵。

根據作者的觀察，以今日企業界的大趨勢而言，的確正在一點一滴減損人們深度工作的能力，這也是最讓人感到憂心的地方。想想我們是如何浪費時間在臉書上，又花了多少時間給朋友的動態或無謂的廣告、活動資訊按讚呢？

那麼，忙碌的記者是如何確保可以多產又寫出擲地有聲的作品？以《賈伯斯傳》、《創新者們》等暢銷書聞名全球的作家艾薩克森，就遵循一套相當有效的方法，確保自己可以專心投入筆耕的世界。他的做法其實很簡單，亦即在任何他能找到空檔的時間，就會切換到深度工作的模式，認真投

入寫作，而這也是我正在學習的方法。

建立自己的儀式

看完《Deep Work 深度工作力》之後，我被書中的一段話觸動：「對於以心智創造價值的人，有一個常被忽略的事實是，他們很少隨意改變自己的工作習慣。」

這讓我想起賈伯斯和臉書執行長祖克柏都喜歡穿同樣款式的衣服上班，他們省下治裝的時間，得以把更寶貴的資源投注在工作上。

德國心理學家辛格霍夫（Lorelies Singerhoff）認為，在我們的社會中，重複有規律且有象徵意義的社會活動，其實都是「儀式」。我也曾寫過一篇文章〈建立你的閱讀儀式〉（https://www.vista.tw/2015/09/build-up-your-reading-rituals.html），談的是建立閱讀儀式。建議大家，如果有想要長期投入的事務，或希冀迅速進入神馳狀態，不妨試著建立適合自己的儀式與節奏。

書中更進一步提醒，在建立儀式時，除了指定深度工作的地點，更必須確保大腦可以獲得必要的支持，以保持高水準深度的運作。因此，如果你習慣在咖啡館寫稿，或是喜歡

窩在辦公室角落工作，給自己具體的深度工作時段，也能避免不確定的阻力。

　　整體而言，紐波特教授在《Deep Work 深度工作力》一書中，以認知科學和心理學為基礎，為讀者朋友們介紹 18 種可以用最少時間完成工作，並達到最大成效的策略。如果你也希望自我精進，誠摯邀請你一起加入深度工作的行列！

深度工作力，時間管理的最佳心法

楊斯棓 ｜ 年度暢銷書《人生路引》作者、醫師

　　某個上班日的上午 10 點半，你打開 Gmail，下載一份 C 型肝炎最新治療指引的 PDF 檔打算好好研讀，忽然你被購物網站寄來那封主旨寫著「瘋狂一夏大夏拚」的廣告信件吸引，你思索著要不要把家中布滿灰塵的老舊電風扇換成 Dyson 冷暖循環扇，然後你的魂魄又跟著點開的信用卡優惠網頁飄然而去，你開始盤算刷哪張卡最划算，唉，滿萬送一千五那張卡你沒辦，乾脆再查一下最近的分行在哪裡，中午偷空去辦好了，啾，12 點整，正事沒做好先不提，循環扇也沒買成。

　　「不行不行，剩下的時間要好好把握，下午一定要振作。」你自我喊話。

　　下午你偷滑了十次臉書（你就是捨不得關閉通知），換

淨水器濾心的師傅耽擱你十幾分鐘,你重新進入效率良好的工作狀態又花了 20 分鐘。好不容易正事做得正順手,同事團購的蘇打餅恰巧送到,這次輪到你去拆箱,等你分配好,大夥也準備要下班了。

你想說今天到底在幹嘛,對自己的工作進度有點懊惱,回家後覺得身心俱疲,先躺在懶骨頭上看個電視好了,從政論節目歇斯底里的反年改大叔、衛視電影台的周星馳、HBO的羅素·克洛,每一台你都看了十幾分鐘,最後轉到蓬萊仙山,沒五分鐘便關了電視,就這樣一個小時又過去了,筋疲力盡,你準備上床睡覺。

準備上床時你忍不住撥弄你的 iPhone,朋友在臉書上分享寶島叫賣哥的現場拍賣,真有意思,海鮮、古玩、遙控飛機,無所不賣,叫賣哥的口條一流,連咒罵觀眾也讓你笑得合不攏嘴,到了凌晨一點,你因為發現臉書上的新大陸而還沒睡,可以想見你明天的精神狀態大概也如酒醉。

假如你恰巧曾這麼把一天給揮霍,放大一百倍,也就是一年中的一百天你都這麼過,這有多可怕?你做了許多「淺薄工作」(你在臉書上點了許多讚,回了許多表情符號,但沒有創造多少新價值),你幾乎可以被控訴刻意遺忘「深度工作」的價值。

想要超群拔尖，就要主動預留深度工作的時間

「遲到跟準時的人有什麼不一樣？」我的臉友 Esor（四本暢銷書作家）在他的時間管理課堂上對大家提問。

我自己的習慣是，如果 Esor 的課 9 點半開始，那麼我 9 點 10 分前就要抵達台北的教室，大約 9 點前我得抵達台北車站，也就是說，我得搭 8 點從台中出發的高鐵。再回推，從我家最慢 7 點 15 分得搭上計程車，不塞車的情況下，7 點 40 分前可以抵達高鐵站，還可以在車上用 APP 訂摩斯早餐，抵達高鐵站後可以悠哉悠哉地取餐後再上車。只要我前一天把行李打包好，7 點起床都還來得及。

上述這段以終為始（先了解目標，才能往正確的方向前進）的安排，不管是要寫一篇推薦序、寫一本書、主持一場工作坊，甚至安排一整年計畫，都同樣適用。

管理學大師柯維把時間分成四個象限，呼籲人們多做重要而不緊急的事情，我認為這「重要而不緊急」的事情，正是跟深度工作遙相呼應。

卓然有成的人，都是特別切出一段時間來完成深度工作。深度工作的特性是：這段時間你擁有絕對主導權，沒有

人能打擾你、搶你時間、搶你眼球，你可以專心鑽研「重要而不緊急」的事情。反過來，如果已經是「緊急又重要」，代表時間是由別人主導，你是被追殺的一方，這種時候通常只能把事情做到七、八成好。想要超群拔尖，就要主動預留深度工作的時間。

書中舉精神醫學泰斗榮格的例子，榮格每天在吃完早餐後，有整整兩個小時不被打擾，專事寫作。康德也是如此，每天凌晨 5 點到 7 點、早上 11 到 12 點，是他深度工作的時間。村上春樹是清晨 5 點到 11 點；富蘭克林則是早上 8 點到 11 點、下午 2 點到 6 點。

我的臉友 Esor 的深度工作時間是早上 5 點到 7 點，這個時候，他的家人都還在夢鄉，他可以專心書寫，琢磨網誌。

除了深度工作，本書最重要的提醒告誡我們：莫過度連線。過度連線讓我們被迫關注太多其實一點都不重要的事情，除了消耗我們的精力，毫無益處。

時間是最稀缺又公平的資源，我們生來金錢存摺從零開始，或許富二代生來從數億到數百億起跳，但時間存摺相對公平，我們如何善用時間深度工作，將決定我們人生下半場的品質。

在專業生涯開始前，
最好知道的事

蔡依橙 ｜ 陪你看國際新聞創辦人

　　為什麼同樣出社會四年，有人專業成績耀眼，有人卻好像才剛從學校畢業？為什麼同時決心發展學術，有人發表了十篇學術論文，有人卻連開胡都還沒？

　　為什麼專業成績差異如此之大？本書的主題「深度工作力」，就是造成此差異的其中一個重要解答。

　　「深度工作力」，說穿了，就是「專心」。然而，專心需要方法和練習，本書利用各種分析與建議，協助你有效創造並維持長時間的專心。

　　如果你要發展的專業是像學術研究，需要大量的知識匯聚，需要從大量的訊息中找出模式或規律，需要加上一部分

的創意，找出沒有人想過的切入點。你建構的成品需要考慮各式各樣的批評，迎接審閱者刁鑽的挑戰。為了完成這些，讓自己在沒有人找得到的地方，進行深度思考與寫作，會比在吵雜的辦公室，隨時可能被打擾，必須接聽電話或分心看一下電子郵件，成功的機率更高。

以上這段，說明了本書涵蓋的幾個部分：

- 深度工作可以協助你達成什麼？哪些職業內容需要深度工作？
- 深度工作為什麼好？根據的是什麼？
- 深度工作可以怎麼達成？（包括時間、空間、環境、生活習慣的規畫）
- 深度工作的敵人可能有哪些？要如何對付？

每個人都需要深度工作力

進入社會後，能在職涯初期學會深度工作的人，的確有，但不多。這些人能自行學會深度工作，通常有兩個途徑：剛好有願意帶你、給你個人化建議的高手前輩，或是自己就擁有強大的後設認知能力。

有高手前輩願意帶你，當然是求之不得。但我們都清楚，

在職場遇到高手的機會很少，而這樣的人又剛好是你的主管，剛好跟你有類似的人生軌跡，剛好跟你做同樣的領域，剛好有時間、也願意帶你，剛好有優良的教學能力能讓你懂，這樣的機會實在太少了。

第二個途徑，強大的後設認知能力，也就是能跳脫現狀，問自己以下的問題：為什麼我的進度緩慢？我的時間浪費在哪裡？為什麼我無法專注？我離目標還有多遠？要如何規畫我的生活、我的環境，讓目標能有效實現？這種強大的後設認知能力，也不是很常見。

因此，如果你有能力、也願意讀書，這本《Deep Work 深度工作力》就是一個很好的媒介，它能帶你逐步思考並拆解自己的生活，清楚設定目標，調整環境，協助你更高效地工作，達成你想要的人生。

不只是做學術研究，後來我創建自己的團隊時，也同樣需要深度工作力。我們有高速網路，但沒有附掛電話，鼓勵所有人使用「非同步」的溝通媒體（會打擾人的就是同步，如電話；你可以擺著晚點再看的就是非同步，如專案管理系統），確保每個人連續專心工作的權利。為了保有交流，我們中午會一起吃飯，聊聊最近的時事並交流看法。定期開行政會議，但一週最多一小時，而且事前要準備議程，讓所有

人都能預習並進入狀況。

閱讀本書時，我深深感受到英雄所見略同。只不過，畢竟作者是在美國，他做的是學術研究，而你在台灣，身處的行業也可能跟他不同。

應用在台灣時的思考

舉個例子來說，書中建議你以 30 天的斷線實驗，確認你是否需要一項社群媒體，尤其是臉書。

臉書可怕的通知聲與紅點，以超高成癮性，一次又一次把人拉向淺薄世界。但不幸的，在台灣，我們工作時數長，互動機會與攀談技巧也少，加上又是集體性強的亞洲文化，這些差異，使得臉書成為台灣社會主要的訊息來源與弱連結平台。也因此，在台灣不使用臉書，你損失的可能會比一個美國教授要多上許多。

與其捨棄臉書，不如以書中介紹的深度工作原則來管理自己的臉書使用：關掉即時通知的聲音與震動，保留深度工作的時間；每次發言前，多點思考，讓文字多些深度；每次與人連繫前，多站在對方的立場，讓溝通的效益最大化。主動追蹤優質訊息，有效地經營弱連結，用這樣的積極態度來

使用臉書，或許更適合台灣的現況。

　　讀書要讀核心而非表象，深度工作力的概念值得我們學習，而你也需要從這樣的內容中，歸納出適合在台灣的你的做法。

　　深度工作力，將協助你成為時間與注意力的主人，更進一步，讓你成為人生的主人。

INTRODUCTION
深度工作 vs. 淺薄工作

　　在瑞士蘇黎世湖北畔的聖加侖州，有個叫柏林根的小鎮，心理分析學家榮格（Carl Jung）1922 年選擇在這裡興建一座避靜屋。剛開始，他蓋了一棟簡單的兩層樓石屋，並稱之為「塔屋」。在一趟印度之旅的途中，他看到當地人們常在家中設置冥想室，回瑞士後便決定擴建避靜屋，增添一間私人辦公室。「在這裡，我可以獨處。」榮格談到這個空間時說：「我隨時帶著那把鑰匙，除非得到我的允許，否則沒有人能進到那裡。」

　　新聞記者柯瑞（Mason Currey）在他的著作《每日儀式》（Daily Rituals）中，從各種來源整理榮格的相關記述，還原這位心理分析大師在塔屋的工作習慣。據柯瑞的報導，榮格通常在早晨 7 點起床，吃過豐盛的早餐後，他會在私人辦公室度過兩個小時不受打擾的寫作時間。到下午，他通

常會冥想，或是在附近鄉間散步到很遠的地方。塔屋沒有電力，到了晚上必須點油燈照明，以壁爐取暖，榮格會在晚上10 點就寢。「只要身在塔屋，就讓我感到十分安詳和精神煥發。」榮格說。

以榮格當時職涯的忙碌程度來想像，我們可能會以為塔屋是一座度假屋，但很顯然，榮格興建這座湖畔避靜屋不是為了逃避工作。1922 年榮格買下這處產業時，並沒有閒暇供他度假。一年前的 1921 年，他才剛出版《心理類型》（*Psychological Types*），他在這本簡明扼要的書中，明確闡述了他的理論與他的好友兼良師佛洛伊德（Sigmund Freud）的思想已漸行漸遠。在 1920 年代反對佛洛伊德的看法是很大膽的行為，為了替自己的書辯護，榮格必須保持敏銳，寫出一系列有言之有物的文章和書籍，進一步支持和建立分析心理學──也就是他最後創立的新思想學派。

榮格的演說和諮詢執業讓他在蘇黎世很忙碌，這一點無庸置疑，但光是忙碌無法讓他滿足，他想改變人們對無意識的了解。這個目標需要更深刻且謹慎的思維才能達成，並不是他忙碌的城市生活方式能辦到的。因此，榮格到柏林根隱居，不是為了逃避他的職業生活，反而是想更上層樓。

───

榮格後來成為 20 世紀最有影響力的思想家之一。當然，他最後的成功由許多因素所促成，不過在本書中，我對以下的技巧深感興趣，這在他的成就中肯定扮演重要角色：

深度工作

在免於分心的專注狀態下進行職業活動。這種專注可以把你的認知能力推向極限，而這種努力可以創造新價值、改進你的技術，並且是他人所難以模仿的。

若要從你的心智能力擠出最後一滴價值，深度工作是不可或缺的。根據過去數十年的心理學和神經科學研究，我們知道，伴隨著深度工作產生的心智張力，對於提升你的能力而言也是不可或缺。換句話說，想在 20 世紀初的精神病學這類需要高認知能力的領域出人頭地，深度工作是不可少的努力。

「深度工作」是我自創的詞，榮格當年不曾用過，但他當時的做法意味著他深諳箇中根本概念。榮格在樹林中興建塔屋，以便在他的職業生活中培養深度工作的能力，這是一件需要投入時間、精力和金錢的任務，這件事也排擠他追求其他短期目標的時間。正如柯瑞寫的，榮格定期前往柏林根，這消耗了他花在臨床工作的時間，「雖然有許多病患仰賴他，榮格卻堅持排出時間。」深度工作雖然是繁忙日程的負擔，卻攸關他改變世界的目標。

的確，如果你研究古代或近代歷史上其他深具影響力的人物的生活，你會發現，深度工作是他們共通的特性。例如，早在榮格之前，16 世紀作家蒙田（Michel de Montaigne）在法國別墅南面石牆的塔樓規畫一間私人圖書室用來工作；馬克·吐溫（Mark Twain）在紐約採石場農莊的一座小屋寫作《湯姆歷險記》（The Adventures of Tom Sawyer）的大部分手稿，他的夏季就在那裡度過。馬克·吐溫的書房離主屋很遠，他的家人必須吹號來提醒他吃飯。

　　舉更晚近的例子，劇作家兼導演伍迪·艾倫（Woody Allen）從 1969 年到 2013 年的 44 年間，編寫並導演了 44 部電影，並獲得 23 次奧斯卡提名，他的藝術創造多產到近乎離譜。在這麼長的時期，艾倫從不用電腦，他謝絕一切電子干擾，只用一部德國奧林匹亞 SM3 手動打字機完成他的所有寫作。加入艾倫反電腦行列的還有理論物理學家希格斯（Peter Higgs），他工作的地方如此與世隔絕，甚至在宣布他獲得諾貝爾獎時，新聞記者還找不到他。

　　另一方面，J.K. 羅琳（J.K. Rowling）雖然使用電腦，卻以寫作哈利波特系列小說期間從社群媒體消失而聞名，這段期間社群媒體正蔚為流行，媒體人物無不趨之若鶩。羅琳的助理直到 2009 年秋季才以她的名字註冊推特帳號，當時她正專心撰寫新書《臨時空缺》（The Casual Vacancy），

所以在頭一年半，她唯一的推文是：「這真的是我，但你們恐怕不會常看到我的推文，因為我目前最常用的是筆和紙。」

深度工作當然不是歷史人物或科技恐懼症者的專利。微軟執行長比爾·蓋茲（Bill Gates）以一年兩次的「沉思週」而聞名，在沉思週期間，他會離群索居，通常住在一棟湖濱木屋，什麼事也不做，只沉思大事情。1995 年的沉思週，蓋茲寫了著名的備忘錄〈網際網路浪潮〉，把微軟的注意力轉向一家叫網景通訊（Netscape Communications）的新創公司。

人稱網路叛客作家的史蒂文森（Neal Stephenson）雖然協助塑造了世人對網際網路時代的許多觀念，但很諷刺的是，幾乎沒有人能以電子方式連絡他。他的網站不提供電子郵址，並以一篇文章解釋他為什麼刻意避免使用社群媒體，以下是他的解釋：「我以這種方式安排我的生活，就能保有連續、不被打擾的長時段用來寫小說。不這麼做會有什麼結果？我的小說將無法很快地與世人見面，然後我只能寫一堆電子郵件給許多人。」

———

有影響力者無不善用深度工作，這很值得強調，因為它

與現代大多數知識工作者的行為恰成鮮明對比，大多數人正快速遺忘深度的價值。

現代知識工作者與深度工作漸行漸遠的原因並不難理解——網路工具。這個統稱涵蓋各式各樣的通訊服務，像電子郵件和簡訊、推特和臉書等社群媒體網絡，以及形形色色的資訊娛樂網站，如 BuzzFeed 和 Reddit。這些工具，加上隨時隨地可以透過智慧型手機和電腦使用它們，因而把大多數知識工作者的注意力切成片片斷斷。

麥肯錫公司在 2012 年做的一項調查發現，一般知識工作者花超過 60% 的工作時間在電子傳訊和網路搜尋上，光是用於閱讀和回覆電子郵件就花了工作日的近 30%。

在注意力分散的狀態下無法從事深度工作，因為深度工作需要長時間不被打斷的思考。這不表示現代知識工作者心智懶散，事實上，他們宣稱自己隨時都很忙碌。這種不一致性該如何解釋？另一類工作方式可以解答大部分的疑惑，而這種工作方式正好是深度工作概念的反面：

淺薄工作

非高認知需求、偏向後勤的工作，往往在注意力分

散的狀態中執行。這類工作通常無法創造多少新價值，而且很容易模仿。

換句話說，在網路工具的時代，知識工作者越來越常以淺薄工作取代深度工作，有如人類網路路由器，隨時在發送和接收電郵訊息，注意力頻繁被打斷，以便快速回應。較重大的工作需要深度思考，例如擬定新企業策略，或撰寫重要的經費補助申請書，如果經常被小事打斷，分心的結果將是低劣的品質。

對深度工作更不利的是，越來越多證據顯示，這種轉向淺薄工作的改變並非可以輕易扭轉的選擇。如果經常處在慌亂的淺薄狀態，很可能永久減損你深度工作的能力。新聞記者卡爾（Nicholas Carr）2008 年在《大西洋月刊》（*The Atlantic*）發表一篇經常被引用的文章，他在文中承認：「網路似乎削弱了我專注和沉思的能力，而我不是唯一受害者。」卡爾把他的論點擴大寫成一本書，就是入圍普立茲獎的《淺薄》（*The Shallows*）。不難想見的是，為了寫這本書，卡爾不得不搬進一棟小屋，強迫自己與外界隔絕。

網路工具把我們的工作從深度推向淺薄的概念並不新。《淺薄》只是晚近檢討網路影響我們大腦和工作習慣的眾多著作中的第一本，後來的書包括鮑爾斯（William Powers）

的《哈姆雷特的黑莓機》（*Hamlet's BlackBerry*）、弗里曼（John Freeman）的《電子郵件的暴政》（*The Tyranny of E-mail*）和方洙正（Alex Soojung-Kin Pang）的《分心不上癮》（*The Distraction Addiction*），這些作家都認為，網路工具讓我們工作時分心，難以從事需要專注、不被打斷的工作，同時減損我們保持專注的能力。

由於已經有這麼多證據，我在本書中不會花太多時間去建立這個論點，我假定大家都同意網路工具對深度工作會有不利的影響。我也將略過有關這種轉變會帶來長遠社會影響的爭論，因為這類爭論往往只造成無意義的爭執。爭議的一邊是像藍尼爾（Jaron Lanier）和弗里曼等科技懷疑者，認為許多這類工具都會對社會造成傷害，至少就目前的發展而言是如此。另一邊則是科技支持者，例如湯普森（Clive Thompson）認為，科技確實正在改變社會，然而，是以讓社會更好的方式，例如 Google 可能削弱我們的記憶力，但我們不再需要好記憶力，因為現在我們可以搜尋一切需要知道的事情。

我在這場哲學辯論沒有特定立場，我對這件事的興趣是傾向一個更務實且個人化的角度：我們的工作文化轉向淺薄（不管你從哲學上認為它是好是壞）所帶來的龐大經濟和個人機會。看出其中潛力，抗拒這股趨勢，並把深度視為

優先的少數人將得以善加利用此機會。不久之前，一位來自維吉尼亞、對工作感到無聊難耐的年輕顧問班恩（Jason Benn），就是善用這個機會的少數人之一。

━━━━

有很多方式可以發現自己在這個經濟體系中實際上並沒有多大價值，對班恩來說，這發生在他接受一份理財顧問的工作後，他意識到他負責的工作絕大部分可以用一套拼湊起來的 Excel 腳本自動處理。

那家公司僱用班恩為進行複雜交易的銀行業者製作報表。「那就像我描述的一樣有趣。」班恩在我們的訪談中開玩笑說。製作報表需要花數小時，在一系列 Excel 工作表上手動操作資料。他在任職初期階段，每份報表得花上六小時。

「我用他們教我的方式做，程序又笨拙又耗人力。」班恩回憶說。他知道 Excel 有一種巨集功能，可以把例行的工作自動化。班恩閱讀該主題的文章，很快拼湊出一份新工作表，裡面有一連串巨集可以把六小時的手動操作，簡化成基本上只要點擊一個按鈕就完成。一個原本要花他一整個工作日的程序，現在可以縮短為不到一小時。

班恩很聰明，他畢業於維吉尼亞大學，擁有經濟學學位，而且和許多有類似背景的人一樣，他對職涯懷抱著大志。他很快就體悟到，只要他的主要職業技能可以用 Excel 的巨集操作，他的雄心壯志就會障礙重重。他必須提高自己貢獻給世界的價值。經過一段探索後，班恩得出結論，他對家人宣布，他將辭掉工作表作業員的職務，改當電腦程式設計師。不過，雄心壯志雖然豪邁，但有個問題——班恩對寫程式一竅不通。

　　身為電腦科學家的我可以證明一點：寫電腦程式不容易。大多數程式設計師花四年接受大學教育，學習專業技術後才找到第一份工作，即使找到工作，爭取出頭機會的競爭也很激烈。班恩沒有這種背景。在受到 Excel 的啟發後，他辭掉理財公司的工作，搬回老家，準備他的下一步。他的父母很高興他胸有成竹，但對他可能要在家中長住面有難色。班恩必須學會一樣專業技術，而且要快。

　　就在此時，班恩碰上了讓許多知識工作者有志難伸的相同問題。學習像電腦程式設計這種複雜的技術，需要心無旁騖的專注——就像榮格到蘇黎世湖畔樹林中尋找的那種專注。換言之，這是一種需要深度工作的專業。然而，正如我稍早提到，大多數知識工作者已喪失深度工作的能力，班恩也未能倖免於這股潮流。

「我隨時會上網，檢查我的電子郵件。我控制不了自己，這是一種強迫症。」班恩描述辭掉理財工作前那段期間的情況。他告訴我，曾經有一位主管交給他一項專案，「他們要我寫一份企業計畫。」他解釋說。班恩不知道怎麼寫企業計畫，所以決定找出並閱讀五份舊的計畫書，以了解計畫書需要哪些內容。這是個好主意，但班恩有個問題：「我沒辦法專心。」他承認，那段期間有時候他把幾乎所有時間——98％的時間——花在瀏覽網路。那份企業計畫，一個讓他在職涯初期就能出類拔萃的機會，被束之高閣。

到他辭職時，班恩很清楚自己無法深度工作，因此在學習寫程式時，他必須同時教導自己的心智如何保持專注。他的方法很激烈，但很有效。「我把自己鎖在沒有電腦的房間，只有教科書、記事卡和螢光筆。」他會在書上畫重點，把概念抄在記事卡上，然後大聲唸出來。

這段沒有電子訊息打擾的時期剛開始有點難熬，但班恩不給自己其他選擇，他必須學會這些教材的內容，所以必須讓房間裡沒有讓他分心的事物。長期下來，他漸漸能夠專心，最後達到每天能在房間待上超過五小時與世隔絕的時間，一心一意學習他的新專業技術。「在我學完後，我讀了大約 18 本該主題的書。」他回憶說。

閉門苦讀兩個月後，班恩參加以嚴格聞名的程式設計訓練營 Dev Bootcamp：一週 100 小時的快速課程。（班恩事前研究這個課程時，看到一位普林斯頓大學博士形容它是「我這輩子做過最困難的事」。）由於做了充分的準備，班恩在訓練營表現傑出。「有些人沒做好準備，」他說，「他們無法專注，無法快速學習。」參加課程的學生只有一半準時畢業，班恩不但畢業了，還是班上最優秀的學生。

深度工作的成效顯著，班恩很快就在舊金山一家新創科技公司找到程式設計師的工作，該公司已拿到 2,500 萬美元創投資金，對挑選員工很嚴格。半年前，班恩辭去理財顧問的工作時，年薪是 4 萬美元，程式設計師的新工作年薪高達 10 萬美元，金額還會隨著他的技術水準持續增加──在矽谷，薪資基本上沒有上限。

我最後一次和班恩談話時，他的新工作一帆風順。現在是深度工作虔信者的他，在辦公室對街租了一間公寓，讓他可以很早就進公司，不受干擾地開始工作。「在順利的日子，我在開第一次會議前可以有四小時的專注時間。」他告訴我：「然後下午可能還有三到四小時。我說的『專注』是不看電子郵件、不上『駭客新聞』（Hacker News，科技業者常上的網站），只是專心寫程式。」對一個承認自己在舊工作花98%的時間瀏覽網站的人來說，班恩的轉變很驚人。

———

　　班恩的故事凸顯一個重要的教訓：深度工作不是作家和20世紀初期哲學家的懷舊情感，而是一種在今日有極高價值的技術。

　　深度工作的價值有兩個理由，第一個理由與學習有關，今日的資訊經濟仰賴快速進步的複雜系統，例如，班恩學習的電腦語言有些在十年前還不存在，十年後可能已經過時。同樣的，1990年代跨入行銷領域的人，可能完全想不到今日他們必須精通數據分析。因此，想要在今日的經濟環境中保持價值，你必須有能力很快學會複雜事物。達成這個目的需要深度工作，如果你不培養這種能力，你可能會隨著科技進步而落後。

　　第二個理由是，數位網路革命的影響是兩面刃。如果你能創造有用的東西，它可以接觸的受眾（亦即僱主或顧客）基本上是無限的，這將使你的報酬大幅增加。另一方面，如果你創造的東西平庸無奇，那你的麻煩可大了，因為你的受眾很容易在線上找到更好的替代品。不管你是電腦程式設計師、作家、行銷人員、顧問或創業家，你的情況已變得類似榮格嘗試勝過佛洛伊德，或班恩想在一家炙手可熱的新創公

司出人頭地。想要成功，你必須使出渾身解數，創造最佳績效，而這是一個非深度不可的任務。

深度工作的需要日增是一種新現象。在工業經濟中，只有一小群高技術勞工和專業階級需要深度工作，大多數勞工即使不培養心無旁騖的專注力也過得去，他們受僱來操作機具，而且工作性質在數十年職涯中也很少改變。然而，隨著我們轉向資訊經濟，越來越多人變成知識工作者，深度工作也隨之變成重要資產——即使大多數人還沒有體認到這個現實。

換句話說，深度工作不是一種落伍的老技術，而是任何想在全球化的資訊經濟中競爭並出類拔萃的人必備的關鍵能力。真正的獎賞不會留給那些閒適地使用臉書的人（淺薄工作，很容易被取代），而將歸於像是能創造分散式系統並提供服務的人（深度工作，難以取代）。借用商業作家巴克（Eric Barker）的說法，深度工作的重要，堪稱為「21世紀的超能力」。

———

目前為止，我們已經談到兩種看法，一個是關於深度工作越來越稀有，另一個則是關於它越來越有價值，我們可以

把兩者結合成本書立論的基礎。

深度工作假說

深度工作的能力越來越稀有，正好發生在它對我們的經濟越來越有價值的時候。結果是，少數培養這種能力並在工作生活中善用它的人，將成為各行各業的佼佼者。

本書有兩個目的，分別會在兩篇中討論。第一篇討論的目的是說服你相信深度工作假說是正確的。第二篇的目的是教導你如何藉由訓練大腦和改變工作習慣，讓深度工作成為你職業生活的核心。在深入談細節前，我要解釋一下我為什麼會對深度工作堅信不移。

———

在過去十幾年來，我極力培養自己專注於艱澀事物的能力。若要了解我這種興趣的緣起，得從我是麻省理工學院（MIT）著名的運算理論小組博士班出身的理論電腦科學家談起。在我的職業背景中，專注力被視為關鍵的技術。

這些年來，我與其他研究生共用的工作室距離一位麥克阿瑟天才獎得主的辦公室只有一條走廊之遙，這位教授還不

到法定喝酒年齡前就受僱於麻省理工學院。我們經常看到這位理論大師坐在共用的空間，凝視著一面白板上的筆記，身邊圍著一群訪問學者，也靜靜坐著凝視；這可能會持續幾個小時，我會出去吃午餐，然後回來，他們還在凝視。這位教授很難連絡，他不上推特，而且如果他不認識你，就不太可能回覆你的電子郵件。去年，他發表了 16 篇論文。

我學生時代的環境瀰漫這種極度專注的氣氛，很快的，我也培養出相同的深度投入。我的朋友和我寫書時合作的人都感到驚奇的是，我從沒有臉書或推特帳號，而且除了一個部落格外，從不上其他社群媒體。我不瀏覽網路，而是從送到家裡的《華盛頓郵報》（Washington Post）和全國公共廣播電台（NPR）獲得大部分新聞。我通常也很難連絡，我的網站不提供個人電郵地址，而且直到 2012 年才擁有第一支智慧型手機，還是因為我懷孕的妻子對我下最後通牒：「你必須在孩子出生前準備一支可以連絡上你的手機。」

另一方面，我的投入帶給我許多收穫。大學畢業後的十年間，我出版了四本書，獲得博士學位，寫了許多經常被引述的論文，並獲聘為喬治城大學的準終身職教授。我保持如此高的生產力，但其實我很少工作超過下午 5 點或 6 點。

我能照這種壓縮的時間表作息，是因為我努力把生活中

的淺薄減到最少，同時將省下來的時間做最有效的利用。我審慎選擇深度工作，作為我每日生活的核心；至於無法避免的淺薄活動，就集中在空檔的時候完成。每天三到四小時、每週五天，不被打斷且審慎安排的深度工作，可以創造出許多高價值的成果。

我對深度的堅持也帶來非職業的好處。大致而言，我從下班回家到隔天早上工作日開始的這段時間，我不碰電腦；主要的例外是在部落格張貼文章，我喜歡在孩子上床後寫這些文章。相對於一般人經常抽空檢查電子郵件或上社群媒體網站，斷絕連線讓我可以在晚上全心陪伴妻子和兩個兒子，並閱讀對有兩個孩子的忙碌父親來說多得驚人的書籍。更廣泛地說，心無旁騖的生活，可以濾除緊繃心智的背景雜音，而這正是許多人日常生活中越來越常見的問題。我對枯燥安之若素，這是一項出奇地令人感到滿足的技術，特別是在華盛頓特區慵懶的夏夜、聽著廣播電台播報全國體育競賽慢慢進行的時候。

———

在本書中，我嘗試探索並解釋我深受深度吸引，並捨棄淺薄的原因，也會介紹協助我實踐深度工作的各種策略。我把這些概念形諸文字，部分原因是想協助你追隨我的腳步，

重建你以深度工作為核心的生活。但不只是這個原因，我思索並釐清這些想法的另一個目的是，進一步激勵我自己的練習。我對深度工作假說的認識帶給我許多助益，但我相信，我的價值生產潛力還未完全發揮。在你苦苦思索並終於了解本書介紹的概念和原則時，我也正在力行我的假說，嚴格地去除淺薄，努力培養專注的深度。

當榮格準備掀起精神醫學界的革命時，他在樹林裡打造了一棟避靜屋，這棟塔屋，變成榮格維持深度思考、創造改變世界的驚人原創理論的地方。在後續章節裡，我將嘗試說服你加入我的行列，努力打造我們自己的塔屋。在越來越紛擾的世界裡，培養創造真正價值的能力，並認識過去許多世代最有生產力和最重要的人物擁抱的真理——深度生活就是好生活。

PART ONE
概念

CHAPTER 1

深度工作力，
創造價值的關鍵能力

　　隨著 2012 年的大選日迫近，《紐約時報》（New York Times）網站流量急遽增加，這是全國性大事期間的正常現象。但這次有點不同，有高得不成比例的流量（據報導超過 70％）流向這個內容包羅萬象的網站上的單一地點，不是頭版的即時新聞報導，也不是得過普立茲獎的專欄作家們的評論，而是棒球統計專家席佛（Nate Silver）經營的部落格，他在選舉期間改行當選舉預測師。

　　不到一年後，ESPN 和美國廣播公司（ABC）新聞頻道挖角席佛。為了留住他，《紐約時報》承諾給他十多名撰稿人的團隊，這樁交易將給席佛一個跨越運動、天氣預報到網站新聞部門的職位，甚至參與奧斯卡金像獎的播報。雖然席佛一手調製的模型在方法學上引發許多辯論，但沒有人能否認，在 2012 年的選舉中，這位 35 歲的資料奇才是美國經濟

的大贏家。

另一位贏家是韓森（David Heinemeier Hansson），他是創造 Ruby on Rails 網站開發架構（簡稱 RoR）的電腦程式設計師；現在有一些最受歡迎的網站，包括推特和 Hulu，都是由 RoR 提供基礎。韓森是深具影響力的開發公司 Basecamp（2014 年以前的名稱為 37signals）的合夥人，他未曾公開談論持有 Basecamp 多少股份或其他收入來源，但我們推想他日進斗金，因為韓森有財力穿梭於芝加哥、馬里布和西班牙馬貝拉，在這些地方玩他熱愛的高性能賽車。

第三個、也是最後一個美國經濟大贏家的例子是杜爾（John Doerr），他是著名的矽谷創投基金公司 KPCB 的首席合夥人。杜爾協助投資許多重要公司，推動目前這波科技革命，包括推特、Google、Amazon、網景和昇陽（Sun Microsystems）。這些投資的報酬極為驚人，截至寫作本書時，杜爾的財富超過 30 億美元。

━━━━━

為什麼席佛、韓森和杜爾如此成功？這個問題有兩種回答，第一種是微觀的回答，著重於讓這三個人脫穎而出的個人特質與技巧。第二種回答則較為宏觀，較不著重於個人，

而是著重他們代表的工作類型。雖然兩種回答都很重要，但宏觀的回答與本書的主題最相關，因為它更能說明我們當前的經濟獎賞哪些人。

為了探討這個宏觀的角度，我們可以引用兩位麻省理工學院經濟學家布林約爾松（Erik Brynjolfsson）和麥克菲（Andrew McAfee）的觀點。他們在 2011 年深具影響力的書《與機器賽跑》（*Race Against the Machine*）中，提出極有說服力的論點，在眾多力量的作用下，數位科技以出乎意料的方式改變了我們的勞動市場。「我們正處在大重構陣痛的早期階段。」布林約爾松和麥克菲在書中開宗明義指出：「我們的科技正在全力衝刺，但我們的許多技術和組織卻落後。」

對許多工作者來說，這種落後預告了壞消息，隨著智慧機器的發展，機器和人類之間的能力落差逐漸縮小，僱主越來越可能僱用「新機器」而非「新人」。此外，在只有人能做的工作上，由於通訊和協作科技的進步，讓遠距工作越來越容易，從而鼓勵公司外包重要職務給業界的明星——頂尖的工作者，導致本地人才乏人問津。

不過，這種新現實並非在所有行業都一樣慘淡，正如布林爾松和麥克菲強調的，大重構並未讓工作減少，而是區隔

了不同的工作。雖然越來越多人會因為技術的自動化或輕易外包而在新經濟中落敗，但有些人不僅能夠生存，還能變得比以前更有價值，並且因此獲得更大的獎賞。

　　預見經濟出現這種雙軌發展的不只布林約爾松和麥克菲兩人，喬治梅森大學經濟學家柯文（Tyler Cowen）出版了《再見，平庸世代》（*Average Is Over*），書中就呼應這個數位區隔的主題。但讓布林約爾松和麥克菲的分析格外有用的是，他們指出三個特定群體將在這種區隔中占上風，從智慧機器時代得到不成比例的大獎賞。席佛、韓森和杜爾就屬於這三個群體，這並不令人意外。讓我們一一檢視這三個群體，了解為什麼他們突然變得奇貨可居。

1.　高技術工作者

　　以席佛為代表的群體，布林約爾森和麥克菲稱之為「高技術工作者」。機器人和語音辨識等技術的進步，使得許多低技術工作自動化，但兩位經濟學家強調：「資料視覺化、分析、高速通訊和快速原型等技術，擴大了抽象和資料驅動推理的貢獻，並提高這些工作的價值。」換句話說，有能力與日益複雜的機器合作，並創造有價值的結果，這樣的人就能成功。柯文更直言不諱地總結這個現實：「關鍵的問題將是——你是否善於與智慧機器合作？」

席佛當然是高技術工作者的代表人物。餵資料給大資料庫，萃取精華後，再投入他神祕的蒙地卡羅模型；智慧機器不是席佛成功的阻礙，而是必要條件。

2. 超級明星

布林約爾森和麥克菲預測將在新經濟中左右逢源的第二個群體，則是像韓森這樣的超級明星。高速資料網路和協作工具，如電子郵件和虛擬會議軟體，已摧毀許多知識工作領域的界限。例如，僱用全職程式設計師已經沒有必要，省下辦公室空間和員工福利成本，僱主可以僱用像韓森這種全世界最優秀的程式設計師，而且只需僱用一段足夠完成委託專案的時間。在這種情況下，僱主花較少的錢就能得到更好的結果，而韓森每年可以服務更多客戶，賺得更多報酬。

韓森可以從西班牙馬貝拉遠距工作，而僱主的辦公室可能在愛荷華州的狄蒙，只要通訊和協作技術的進步讓這個過程幾近無縫，對公司來說就沒有差別。但對住在狄蒙、需要穩定收入的低技術本地程式設計師來說，影響卻很大。科技讓遠距工作也能創造高生產力，這股趨勢正影響越來越多行業，顧問、行銷、寫作、設計……一旦人才市場的管道完全暢通，市場上的超級明星將欣欣向榮，其他人勢必受害。

經濟學家羅森（Sherwin Rosen）1981 年在一篇研討會論文中，以數學計算出這種「贏者全拿」的市場。他的主要洞見之一，是明確地在模型中把人才（在他的公式中以不帶感情的變數 q 作為代表）當作一項有「不完全替代品」的因素，並解釋道：「聽一群平庸的歌手唱許多歌，加起來不會變成一場精彩的表演。」換句話說，人才不是你成批買進、加起來就能達到高水準的商品，頂尖人才一定有其高明之處。因此，如果你處在一個消費者能接觸到所有表演者的市場，每個人的 q 值都很清楚，那麼消費者將選擇頂尖者。即使次優者的差距並不大，超級明星仍將贏走市場的一大塊。

　　羅森在 1980 年代研究這種效應時，是專注在電影明星和音樂家等有明確市場的例子，唱片行和電影院讓觀眾和聽眾有管道接觸到不同的表演者，在做購買決定前就能精確估計他們的才能。通訊和協作技術的快速崛起，改變了許多原本具有地方性的市場，變成一個類似的世界商場。尋找電腦程式設計師或公關顧問的小公司，現在可以進入國際人才市場，就像當年唱片行興起，小鎮樂迷可以跳過地方音樂家，轉而購買全世界最好的樂團的唱片。換言之，超級明星效應在今日已更廣泛地適用於許多行業，現在，我們的經濟中有越來越多人正在競逐各自行業中的搖滾巨星地位。

3. 擁有者

　　最後一個將在新經濟中獲利的群體，以杜爾為代表，包括有資本可以投資新科技、推動大重構的人。從馬克思的《資本論》以來，我們就了解，擁有資本等於擁有巨大的優勢，不過，同樣重要的是，有些時期還能提供更多優勢。布林約爾松和麥克菲指出，戰後的歐洲並非坐擁龐大資本的好時機，因為快速通貨膨脹和沉重的稅賦，以驚人的速度吃掉舊財富（我們不妨稱之為「唐頓莊園效應」）。

　　不同於戰後時期，大重構是擁有資本的大好時機。若要了解原因，先回想一下議價理論，這項標準經濟理論的一個重點是，當金錢是透過投入的資本與勞動結合所創造時，獲得的報酬大致而言與投入的多寡成比例。因此，當數位科技降低許多產業對勞動的需求，擁有智慧機器者的報酬比例將逐漸增加。今日的創投資本家可以投資像 Instagram 這種公司——只僱用 13 名員工，最後以 10 億美元出售；歷史上沒有任何時期出現過如此少的勞動，可以創造如此高的價值！在投入這麼少勞動的情況下，流回擁有者身上（在這個例子裡即創投資本家）的財富比例是史無前例的。難怪我上一本書訪問的一位創投資本家，憂慮地坦承：「每個人都想搶我的工作。」

讓我們整理一下截至目前的討論。根據我的調查，當前的經濟思維認為，前所未見的成長和科技的衝擊促成經濟的大重構，在新經濟中，有三個群體擁有特別的優勢：能與智慧機器一起工作並發揮創造力的人、各行各業的超級明星，以及有能力動用資本的人。

　　更明確地說，布林約爾松、麥克菲和柯文等經濟學家揭櫫的大重構，並非目前唯一重要的經濟趨勢，會脫穎而出的也不只前面提到的三類人，但對本書的論點來說，重要的是，這些趨勢（儘管不是唯一的趨勢）確實很重要，這三類人（儘管不是僅有的群體）確實能成功。因此，如果你能加入這些群體，就能一帆風順。如果你不能，你仍然可能過得很好，但你的地位可能較難安穩。

　　我們現在必須面對的問題很明顯：你要如何加入贏家的行列？雖然可能澆熄你的熱情，但我應該先坦白說，我沒有快速聚集資本、變成下一個杜爾的祕訣。如果我有這種祕訣，也不太可能在書中公開。不過，有方法可以加入另外兩群贏家，這就是我接下來要討論的目標。

成為新經濟中的贏家

我剛才提到，有兩個群體將脫穎而出成為贏家，並且宣稱有方法可加入他們：能與智慧機器一起工作並發揮創造力的人，以及在各自領域成為超級明星的人。要在數位鴻溝日益擴大之際加入這些獲利豐厚的群體，有什麼祕訣？我認為以下兩種核心能力很重要：

1. **快速精通專業技術的學習能力**
2. **在品質和速度上達到高水準的生產能力**

我們先談第一種能力。首先，我們不能忘記，一直以來我們被許多消費者使用的直覺式和傻瓜式科技寵壞，例如推特和 iPhone，不過，這些例子是消費者產品，不是嚴肅的工具。推動大重構的大多數智慧機器遠比它們複雜，也更難了解與精通。

以前面談到善用複雜科技而炙手可熱的席佛為例，深入研究他的方法，我們會發現，藉由資料分析做選舉預測，並不像在搜尋框打出「誰會贏得較多選票？」那樣容易。席佛蒐集了龐大的選舉結果資料（來自 250 家民調機構的數千次民調），輸入一套廣受歡迎的統計分析系統（StataCorp 公

司設計的 Stata）後，才得出成果。這些都不是容易精通的工具，舉例來說，你必須了解如下的指令，才能操作像席佛所使用的現代資料庫：

```
CREATE VIEW cities AS SELECT name,
population, altitude FROM capitals UNION
SELECT name, population, altitude FROM non_
capitals;
```

這類資料庫以稱作 SQL 的電腦語言交談，使用者下達如上述的指令來與儲存的資訊互動。了解如何操作這類資料庫是深奧的學問，例如，上述的指令可以製造一個「觀點」：從許多既有的表格汲取資料，集合成一個虛擬資料庫表，然後就可以像標準表格那樣，藉由 SQL 指令處理。何時製造觀點，以及如何做得好，是很難回答的問題，也是你必須了解與精通，以便從現實世界的資料庫得出合理結果的眾多問題之一。

再繼續以席佛為例，談他必備的另一種技術：Stata。這是一套強大的工具，絕對不是你推敲一番就能靠直覺學會的東西。例如，這套軟體的最新版有一段增添的功能敘述：「Stata 13 增加許多新功能，例如處理效果、多層次廣義線性模式、檢定力和樣本量、廣義結構方程模式、預測、效應

量、專案管理器、長字串和二進位大型物件等等。」席佛使用這套複雜的軟體，用它的廣義結構方程模式和二進位大型物件，建立由交織的部件組成的精密模型：多元迴歸，以特殊變數執行，作為在概率表述中使用的特殊權重參照。

提供這些細節的目的，在於強調智慧機器的複雜與難以精通。* 因此，要加入與智慧機器共事的群體，有賴於你對這些專業技術的掌握。由於科技變化迅速，學習的過程永不停止，你必須一次又一次地快速掌握技術。

當然，快速學習專業技術，不只是與智慧機器共事所不可或缺的，在嘗試成為各行各業的超級明星時也扮演重要角色，即使是與科技無關的行業，例如，想成為世界級的瑜伽大師，需要你精通越來越複雜的身體技術。再舉一個例子，要在特定的醫藥領域出類拔萃，需要你快速嫻熟相關製程的最新研究。更扼要地總結這些觀察：如果你無法學習，就無法出人頭地。

現在，想想前面列出的第二種核心能力：高水準的生產

---

* 強調智慧機器的複雜，也凸顯一般人（尤其是在學校）談到科技常有的一個荒謬概念，即經常使用簡單的消費者產品，就可以為在高科技經濟中成功奠定基礎。給學生 iPad 或讓他們拍攝張貼在 YouTube 的家庭作業影片，要是能為他們在高科技經濟中做準備，那就好比玩風火輪模型汽車可以為他們當成功的汽車機師做準備。

能力。想成為超級明星，精通相關技術是必要條件，但還不夠，你必須把這種潛力轉變成人們重視的有形結果。例如，許多程式設計師可以編寫很棒的電腦程式，像是我們前面提到的例子，韓森應用這種能力創造出讓他一舉成名的 RoR。RoR 需要韓森把既有的技術推到極限，創造出不容爭辯的高價值成果。

這種生產能力也是想精通智慧機器所不可或缺的。席佛光是學習如何操作龐大的資料庫和執行統計分析還不夠，他必須證明自己能應用這些技術，從機器中調製出眾多讀者關心的資訊。席佛在「棒球資訊」（Baseball Prospectus）網站的職涯階段曾與許多統計專家共事，但只有席佛把這些技術應用在更有利可圖的選舉預測這個新領域。這為加入新經濟贏家的行列提供了另一個啟示：不創造就不會成功──不管你的技術多高明或多有才能。

了解在今日顛覆性的科技新世界領先群倫需要的兩種核心能力後，我們可以繼續問下一個問題：要如何培養這些能力？這帶我們來到本書的中心主題──這兩種核心能力，取決於你執行深度工作的能力。如果你尚未精通這項基本技術，你將難以學習專業技術或達到高水準的生產力。

這些能力和深度工作的關係乍看並不明顯，必須深入探

究學習、專注和生產力的科學，才會明白。我們將在後面的章節深入探究這個主題，讓你對深度工作和經濟成功的關連從難以想像變成深信不移。

深度工作力協助你快速學習困難技術

藉由聚集注意力之光，讓你的心智變成一片透鏡，
讓你的靈魂貫注在心智全然投入和吸收的思想上。

這句忠告來自道明會修士兼道德哲學教授塞季翁吉（Antonin-Dalmace Sertillanges），他在 20 世紀初寫了一本很薄、但很有影響力的書，書名為《智識生活》（*The Intellectual Life*）。塞季翁吉寫這本書是為了指引受到感召、生活在心智世界的人，進一步發展與加深心智。在《智識生活》中，塞季翁吉說明精通複雜思想的必要性，並協助讀者面對這個挑戰，因此，他的書對於我們追求如何快速精通困難的認知技術很有幫助。

為了了解塞季翁吉的忠告，讓我們回到上述的引言。塞季翁吉在《智識生活》裡以多種形式表達，若要提升對自身領域的理解，你必須有系統地學習相關主題，讓你能夠「聚

集注意力之光」，發掘隱藏的真理。換句話說，塞季翁吉認為，學習需要高度專注。這個概念走在時代尖端。塞季翁吉在 1920 年代省思心智生活，發現一個精通高認知需求工作的事實，而學術界在 70 年後才正式確立這個事實。

正式確立這個概念的過程在 1970 年代熱烈展開，當時一個稱為「表現心理學」的心理學派，開始有系統地探討不同領域的專家和一般人有何不同。1990 年代初，佛羅里達州立大學教授艾瑞克森（Anders Ericsson）將各家說法綜合成一以貫之的理論，歸納越來越多的研究文獻，然後給它一個有趣的名稱——「刻意練習」。

艾瑞克森在他的研討會論文中，以一個強力的宣言開始談這個主題：「我們否認這種差異（專家與一般人）不會改變⋯⋯我們認為，專家和一般成年人之間的差異，反映的是為了改善在特定領域的表現，所進行的一輩子的刻意努力。」

美國文化特別喜愛天才的故事。（「你知道這對我來說有多簡單嗎？」在電影《心靈捕手》〔 Good Will Hunting 〕中，麥特・戴蒙〔Matt Damon 〕飾演的角色一面哭著說，一面迅速解開難倒世界頂尖數學家的證明題。）艾瑞克森倡導的研究今日已廣被接受，並且顛覆了這類神話。＊想要精通一項高認知需求的工作，必須靠特定的練習方法——只有

極少數人是天生奇才。就這點來看，塞季翁吉似乎也領先他的時代，他在《智識生活》中說：「天才只有在傾注一切能力於他們決定展現所有潛力的點上，才會顯現出其偉大。」

這帶領我們來到「刻意練習究竟需要什麼」的問題，一般認為其核心成分包括：

1. 你的注意力必須專注在某個你嘗試改善的技術或嘗試精通的思想。
2. 你需要獲得回饋，以糾正你的方法，讓你把注意力放在最有生產力的地方。

第一點對我們的討論來說特別重要，因為它強調刻意練習無法與分心並存，它需要不被打斷的專注。正如艾瑞克森強調的：「渙散的注意力幾乎是刻意練習所需要的專心一志的反面。」（這也是我強調的重點。）

---

* 葛拉威爾（Malcolm Gladwell）2008 年在他的暢銷書《異數》（Outliers）中介紹刻意練習的概念後，心理學界（大致說來，是一群對與葛拉威爾有關的一切抱持懷疑的人）便流行找出刻意練習假說的漏洞。不過，這類研究大多無法推翻刻意練習的論點，而是嘗試尋找其他影響傑出表現的因素。2013 年，艾瑞克森發表一篇以〈為什麼專家表現就是比較特別，而且無法從一般人的表現來推論：回應批評〉為題的文章，刊登在《智慧》（Intelligence）期刊第 45 期。他在文章中辯駁，這些批評論文的實驗設計通常有瑕疵，因為它們假設可以從特定領域表現高於平均的人，來推論專家和非專家的差異。

身為心理學家，艾瑞克森和這個領域的其他研究者對「刻意練習為什麼管用」不感興趣，他們只確認那是一種有效的行為。不過，從艾瑞克森提出第一篇重要論文以來的數十年間，神經科學家也開始探究人類處理困難工作的能力進步背後的生理機制。根據新聞記者科伊爾（Daniel Coyle）2009年出版的書《天才密碼》（*The Talent Code*）所做的調查，科學家越來越相信「髓鞘」是解答之一。髓鞘是神經元外的一層脂肪組織，具有絕緣體的作用，能讓神經元傳導更快、更清晰。若要了解髓鞘在改善表現時扮演的角色，只要記住，不管是智識或體能的技術，最後都歸結到大腦的電路。這個有關表現的新科學認為，隨著相關的神經元外包覆更多髓鞘，讓電路傳導更快速且有效，你的技術也會變更好。

　　這提供了「刻意練習為什麼有效」的神經學基礎。當專注練習一種特定技術時，你會反覆強迫相關的神經電路在隔絕下傳導。反覆使用特定電路，則會刺激稱作「少突膠質細胞」的細胞，開始在神經元外包覆髓鞘，達到加強技術的效果。因此，專注在手上的工作、避免分心很重要，因為這是隔絕神經電路、刺激髓鞘生長的唯一方法。

　　從塞季翁吉寫出「聚集注意力之光，讓心智變成一片透鏡」以來的一世紀，我們的表達已經從抽象比喻，進步到少突膠質細胞這種較缺少詩意的解釋。不過，這些對心智作用

的探究都指向一個無法否認的結論：要快速學習一項專業知識，你必須高度專注而不分心。換句話說，有效學習就是一種深度工作。如果你能自如地深度工作，就能自如地精通越來越複雜的系統和技術，在今日的經濟中脫穎而出。如果你仍和多數人一樣難以專注、容易分心，就不該期待自己能快速學會這些系統和技術。

深度工作力協助你達成高水準的生產力

格蘭特（Adam Grant）有著高水準的生產力。我在2013 年認識格蘭特時，他是賓州大學華頓商學院最年輕的終身職教授。一年後，我開始寫作本章，並開始考慮申請終身職時，他已經更上層樓，成為華頓商學院最年輕的正教授。*

格蘭特在他的學術專業領域晉升如此快速的原因很簡單——他的生產力過人。2012 年，格蘭特發表了七篇論文，而且都刊登在主要期刊上，這在他的領域是高得離譜的比

---

* 在美國，教授有三個等級：助理教授、副教授和正教授。通常你會先獲聘為助理教授，然後在獲得終身職時晉升副教授。正教授通常需要經過多年的終身職，有時候還未必能達到。

率。在他的領域，教授通常單獨工作或是只與少數專業者合作，沒有大群學生和博士後研究員來支援他們的研究。2013年，這個數字減為五篇，雖低於他近幾年來的水準，但仍然很驚人，不過，他有充足的理由，因為這一年他出版了一本書《給予》（*Give and Take*），介紹他對商業關係的部分研究。說這本書成功可能還太輕描淡寫，它不但獲得《紐約時報》雜誌的封面報導，還是一本超級暢銷書。當格蘭特2014年成為正教授時，除了他的暢銷書外，他已經寫了超過60篇經常被同行引用的文章。

認識格蘭特後，想到我自己的學術生涯，便忍不住問起他的生產力。我很幸運，因為他樂於分享對這個話題的想法。他寄給我一份簡報檔案，是他和同領域幾位教授參加一場研討會的資料，研討會主要討論如何以最高速率生產學術作品。檔案中包括每個人詳細的時間分配圓餅圖、與共同作者合作的流程圖，以及一份超過20本書的建議閱讀清單。這些商學教授不同於一般人刻板印象中過著埋首書卷、偶爾靈光乍現想到好點子的生活；他們把生產力視為可以有系統地解決的科學問題——一個格蘭特已經達到的目標。

格蘭特的高生產力取決於許多因素，但有一個概念尤其是他方法的核心：把艱澀但重要的腦力工作安排在不被打擾的長時段進行。格蘭特在幾個層次上做這種安排。他把一年

的教學工作集中在秋季，在這段期間全心全意做好教學，隨時解決學生的疑惑。這個方法似乎奏效了，格蘭特目前是華頓商學院評鑑最高的教授，也是數項教學獎的得主。透過把教學集中在秋季，格蘭特可以在春季和夏季專注於研究，讓其他分心事務降到最低。

格蘭特也以較短的時間週期分配他的注意力。在投入研究的學期中，他的注意力輪流放在上門求教的學生和同事，以及一個人獨處、心無旁騖地做研究工作。他通常把寫學術論文分成三項不同的工作：分析資料、撰寫一篇完整的草稿、把草稿修飾成可發表的文章。這些工作可能持續三天到四天，他會在電子郵件設定自動回覆「外出，不在辦公室」的訊息，告知寄件者別期待收到回信。「我的同事有時候會感到困惑。」他告訴我：「他們會說：你明明沒有外出，我看到你現在就在辦公室！」但對格蘭特來說，執行嚴格的隔絕，直到手上的工作完成，是很重要的。

我猜格蘭特的工作時數不會比其他頂尖研究機構的教授（這群人通常是工作狂）多很多，但他的工作成果卻比領域中的任何人都還豐碩。我認為他安排工作的方法可以解釋這個謎，特別是他將工作集中成緊湊而不受打擾的節奏，並善用如下的生產力法則：

高品質的生產工作＝花費的時間╳專注的程度

如果你相信這個公式，那麼格蘭特的工作習慣就很容易解釋：把工作時間的專注力最大化，就能將每個單位工作時間的生產成果最大化。

這不是我第一次碰到這種公式化的生產力概念，它最早引起我的注意，是多年前我在為第二本書《如何成為有效學習的高手》（*How to Become a Straight-A Student*）做研究時。我訪問了美國競爭最激烈的幾所大學約 50 名成績最優秀的大學部學生，我注意到，最優秀的學生用功的時間往往比成績次一級的學生少。這種現象的解釋之一就是前面列出的公式。最傑出的學生了解專注力在生產力中扮演的角色，懂得把專注力最大化，因此能大幅減少準備測驗或撰寫論文的時間，而不會降低學業成績或論文的品質。

格蘭特的例子凸顯出，專注力的公式不僅可以應用在大學生的成績，也可應用在其他高認知需求的工作。為什麼？一個有趣的解釋來自明尼蘇達大學商學教授李洛伊（Sophie Leroy），2009 年一篇以〈為什麼我的工作這麼難做？〉為題的論文，李洛伊介紹她稱為「注意力殘留」（attention residue）的效應。在論文的導言中，她提到多工對表現的影響——在現代知識工作的場所，一旦達到夠高的職階，就

必須同時處理多項專案，「開完一場會再開下一場，開始一項專案後，一會兒又必須轉換到另一項專案，這是現代組織生活少不了的部分。」李洛伊解釋說。但是，這種工作策略有一個問題，當你從任務 A 轉換到任務 B 時，注意力很難立即跟著轉換，你的注意力仍會殘留在原本的任務上。如果任務 A 是一項未完結的簡單任務，這種殘留情況會特別嚴重；即使你已經完成了任務 A，你的注意力仍會分散一會兒。

李洛伊藉由強迫轉換任務的實驗，研究注意力殘留對表現的影響。在一次實驗中，她要實驗對象解一組字謎，她會在中途打斷他們，要求他們做另一項挑戰：閱讀履歷表並做出假想的僱用決定。在另一次實驗中，她讓實驗對象解完字謎，才給他們下一項任務。在解字謎和做僱用決定間，她會進行一次快速字詞確認測驗，量化第一項任務的殘留量。* 她做的實驗和其他類似實驗都獲得清楚的結論：「在轉換任務時發生注意力殘留的人，下一個任務較可能表現不佳。」注意力殘留越嚴重，表現就越差。

注意力殘留的概念有助於解釋專注力公式為什麼是真

---

* 字詞確認測驗是在螢幕上閃現字母，有些會形成字詞，有些則不會。受測者必須盡快判斷一個字是真是假，並按下表示「真字詞」或「假字詞」的按鈕。這個測驗可以量化受測者意識中有多少特定的字詞「被啟動」，在啟動狀態下，受測者看到螢幕閃現這些字詞時，能夠更快按下「真字詞」的按鈕。

的，以及格蘭特的高生產力。藉由長時間專注在單一的困難任務，把注意力殘留的負面影響降到最低，能夠讓主要任務的表現達到最好。換句話說，格蘭特連續數日在隔絕狀態下寫一篇論文，他是採用效率較好的方法，不同於一般教授容易分心的方法，也就是工作反覆被殘留的干擾所打斷。

即使你無法完全複製格蘭特極端的隔絕（我會在第二篇討論深度工作的策略），注意力殘留的概念仍然很有幫助，它暗示在半分心狀態下工作，可能會導致你表現不佳。每隔十分鐘快速瀏覽一下收件匣感覺好像沒什麼害處，許多人會為這種行為辯護，認為這好過讓收件匣隨時在螢幕上開著的老做法（現在已經很少人用這種稻草人法了）。但李洛伊教導我們，這一點也稱不上進步。快速檢查郵件，是在製造注意力的新目標，更糟的是，當你看到無法馬上處理的訊息（實際情況幾乎都是如此），又被迫要回到眼前的主要任務、留下一件未完結的次要任務，由此造成的注意力殘留將讓你的表現大打折扣。

當我們從這些不同的觀察後退一步，就可以看到一個清楚的論點：想達到高水準的生產力，必須長時間全神貫注在單一工作，不受干擾而分心。換句話說，能讓你的表現最大化的工作方式，就是深度工作。如果你不習慣長時間投入深度工作，你將難以達到最高品質與最高數量的績效，而無法

滿足今日越來越多職業領域的要求。除非你的才能和技術絕對凌駕你的競爭者，否則，深度工作者的績效將超越你。

為什麼有些經常分心的人，表現卻很傑出？

我已經說明為什麼深度工作在今日的經濟中越來越重要。不過，在我們接受這個結論前，先面對一個當我討論這個主題時，常有人提出的問題：多西（Jack Dorsey）是怎麼做的？

多西是推特的共同創辦人，卸下執行長職務後，他又創立支付處理公司 Square。借用《富比士》（*Forbes*）雜誌的描述：「他是大規模的破壞者，而且是累犯。」他也是一個不花很多時間在深度工作的人。多西沒有福氣享受長時間不被打斷的思考，《富比士》在撰寫他的報導時，他身兼推特和 Square 的管理職（他擔任推特董事長），過著每天時程滿滿的生活，讓兩家公司保持可預測的節奏，也讓多西的時間和注意力嚴重支離破碎。

例如，多西表示，每天工作結束時都有 30 到 40 篇的會議摘錄，需要他在晚上重新溫習和過濾。在這些會議之間的

小空檔，他相信「偶然」帶來的機會。「我在站立式辦公桌做很多工作，任何人都可能來找我談話。」多西說：「我有機會聽到關於公司的所有談話。」

這種方式不是深度工作，借用我們前一節談到的名詞，多西每天趕場開會，在會議之間的短暫空檔任由人們打擾，他的注意力殘留可能很嚴重。然而，我們還不能斷定多西的工作很淺薄，因為依照前言中的定義，淺薄工作只能產生低價值，而且很容易模仿。多西做的事很有價值，並且獲得豐厚的報酬，截至寫作本書時，他是世界一千大富豪之一，身價超過 11 億美元。

多西對我們的討論而言很重要，因為他代表我們無法忽視的一群人：一群缺少深度工作、卻仍然很成功的人。我透過多西的例子提出一個更廣泛的問題：如果深度工作很重要，為什麼有些經常分心的人，表現卻很傑出？在本章的結論中，我想解決這個問題，以避免它在我們後面章節更深入討論深度工作時擾亂你的注意力。

首先，我們必須了解，多西是一家大公司（事實上是兩家公司）的高層主管，擔任這種職務的人有許多屬於這種類型，他們過著名人的生活方式，而且無法避免分心。Vimeo 執行長崔納（Kerry Trainor）答覆他可以忍受多久沒有電

子郵件的問題時說：「我可以一整個週六……白天大部分時間沒有它……我是說，我會檢查它，但不一定會回覆。」

當然，這些主管在今日的經濟中，比起歷史上任何其他時候都獲得更高的薪資，也更為重要。像多西這樣缺少深度仍能成功的人，在菁英管理階層中很常見。一旦我們確定這個現實，就必須退一步提醒自己：這並不違背深度工作創造價值的通則。為什麼？因為主管的工作本身就具備必須分心的特殊性。優秀的執行長基本上是一具很難自動化的決策引擎，就像參加益智競賽節目《危險邊緣》（*Jeopardy!*）的IBM華生電腦系統，他們有一套得來不易的經驗庫，並且磨練出針對他們所在市場的本能；他們一整天都必須發揮這些經驗和本能，以電子郵件、會議、巡視工廠等等形式處理與因應各種情況。要求一位執行長花四小時深思一個問題，無異於浪費他最有價值的其他貢獻，不如僱用三位聰明的部屬來思考那個問題、提出解決方案，然後由他做最後的決定。

這種特殊性很重要，因為它告訴我們，如果你是一家大公司的高階主管，你可能不需要本書提供的建議。另一方面，它也告訴我們，你不能把這些主管的工作方式用在其他職位上。多西鼓勵分心，崔納不斷檢查電子郵件，並不表示你依樣畫葫蘆就能成功，他們的行為是他們作為企業主管角色的特徵。

這種特殊性原則也適用於閱讀本書後面章節時想到的例外。我們的經濟中有某些角落並不重視深度，除了企業主管外，還包括某些類別的銷售員和遊說者，對他們來說，隨時保持連線的價值最大。即使是在需要深度工作的領域，也有一些人靠分心的方法而成功。

　　但別急著斷定你的工作不需要深度；只是因為你目前的習慣讓你難以從事深度工作，並不表示做好你的工作不需要深度。例如，我在下一章還會詳細說明，一群勤奮的管理顧問，原本相信隨時保持電子郵件連絡是服務客戶所不可或缺的，直到一位哈佛大學教授強迫他們定期斷線，才發現保持連線並沒有他們想像的那麼重要，客戶並不需要隨時能連絡上他們。當他們減少注意力分散後，顧問工作的表現也隨之改善。

　　同樣地，我認識的幾位企業經理人嘗試說服我，對他們來說，最重要的是能快速因應團隊的問題，避免專案陷於停頓。他們認為自己的角色是促進其他人發揮生產力，而不是著重於自己的表現。不過，後續的討論很快就會發現，這個目標並不需要靠分散注意力的連線來達成。事實上，許多軟體公司現在採用 Scrum 專案管理法，定時舉行高效率的進度會議（通常是站著開會，把長篇大論的衝動降到最低），取代許多訊息的傳遞。這種方法能節省更多管理時間、深

入思考團隊正在處理的問題，這往往可以提升整體的生產價值。

　　換句話說，深度工作不是我們的經濟中唯一有價值的技術，不培養這種能力也可能成功。但是，不需要深度工作的領域正逐漸減少，除非有強烈證據顯示一心多用對你的職業很重要，否則基於本章前述的理由，培養深度工作的能力，將帶給你最高的價值。

CHAPTER　2

當「深度」越稀有，
　　就越值得你投入

2012 年，臉書公布由蓋瑞（Frank Gehry）設計的新總部計畫，這座新建築的中心是臉書執行長祖克柏（Mark Zuckerberg）形容的「世界上最大的開放樓面計畫」，超過 3,000 名員工將在 12,000 坪空間的可移動辦公桌椅上工作。當然，臉書不是矽谷唯一擁抱開放式辦公室的重量級公司。上一章提到的多西買下《舊金山紀事報》（*San Francisco Chronicle*）的舊大樓，作為 Square 的辦公室，他改裝內部空間，讓程式設計師在共同空間和共用的長桌上工作。「我們鼓勵人們在開放空間工作，因為我們相信偶然，從身邊走過的人能教導彼此新事情。」多西解釋說。

企業界近幾年來正在崛起的另一個大趨勢是即時通訊。《泰晤士報》（*Times*）一篇文章指出，這種科技已經不再是愛聊天的青少年的專利，現在也用於協助公司提高生產力

和改善顧客反應，並從中獲益。一名 IBM 經理宣稱：「我們在 IBM 內部每天傳送 250 萬則即時通訊。」

近來跨入即時通訊業的一個成功例子是 Hall，這家矽谷新創公司協助人們利用 Hall 從事即時協作，而不只是聊天。我認識的一位程式設計師跟我說過一家使用 Hall 的公司內部工作情況，他說，最有效率的員工會設定他們的文字編輯器，每當公司的 Hall 帳號有新張貼的問題或評論時，螢幕就會閃現警示，他們可以按幾個鍵，切換到 Hall，鍵入他們的想法，一剎那後又切換回他們編寫程式的任務。朋友在描述他們的速度時似乎很讚嘆。

第三個趨勢是各式各樣的內容生產者都急於在社群媒體上曝光。舊世界媒體價值的堡壘《紐約時報》鼓勵員工上推特，現在《紐約時報》有逾 800 名作家、編輯、攝影師擁有推特帳號。這不是湊熱鬧的做法，而是新常態。

美國小說家法蘭岑（Jonathan Franzen）為《衛報》（Guardian）寫的文章，形容推特是文字世界一股「壓制性的發展」，被許多人取笑與時代脫節。線上媒體 Slate 評論法蘭岑的抱怨是「對網際網路的孤寂戰爭」，同樣是小說家的韋娜（Jennifer Weiner）在《新共和》（New Republic）雜誌回應說：「法蘭岑是只有一個人的類別，一

個孤獨的聲音，下達只適用於他自己的召令。」諷刺的主題標籤 #JonathanFranzenhates 很快就暴紅起來。

　　我提到這三個趨勢是因為它們凸顯了一個矛盾。在上一章，我談到深度工作在這個變遷中的經濟比以往都更有價值，如果這是真的，你應該會看到懷抱雄圖大略的人鼓吹這種技術，企業組織也會想藉以讓員工發揮最大潛能。但這些事情並未發生，在企業界，許多事情被認為比深度工作更重要，包括剛才談到的偶然的協作、即時通訊，以及積極參與社群媒體。

　　這些趨勢如此受重視已經夠糟糕了，雪上加霜的是，這些趨勢還會明顯減損人們深度工作的能力。例如，開放式辦公室可能製造更多協作的機會，* 但付出的代價卻是「大規模的分心」──引用英國電視特別節目《辦公室建築的祕密生活》（*The Secret Life of Office Buildings*）實驗的結論。「如果你剛開始工作，有一支電話響起，你的專注力就毀了。」為該節目做實驗的神經學家說：「雖然當下你不知道，但大腦會對分心的事物有反應。」

---

* 我會在第二篇更詳細討論為什麼這種說法未必是事實。

即時通訊的興起也帶來同樣的問題。理論上，電子郵件收件匣只有在你選擇打開它時，才能讓你分心，然而，即時通訊的設計就是要隨時啟動，這擴大了干擾的影響。加州大學歐文分校資訊學教授馬克（Gloria Mark）是注意力分散科學的專家，在一篇經常被引述的研究中，馬克和共同作者觀察知識工作者在辦公室的實際情況後發現，即使只是很短暫的分心，也會明顯延遲完成一項任務的總時間。「實驗對象表示，這會造成嚴重的害處。」她以學者典型的含蓄做總結。

強迫內容生產者上社群媒體，也對他們的工作帶來不利的影響。舉例而言，嚴肅的記者必須專注在嚴肅的報導：深入探究複雜的來源，發掘相關線索，寫出有說服力的文章。要求他們隨時打斷這種深度思考，參與線上起起伏伏的泡沫，即使在最好的情況下，也是毫無助益；最壞的情況則是破壞性的分心。

深受敬重的《紐約客》（New Yorker）雜誌撰稿人派克（George Packer）在一篇談他不上推特的文章，表達這種憂慮：「推特是媒體癮的毒品，它讓我害怕，不是因為我有道德上的優越感，而是因為我自認無法應付它，我害怕到最後我會不顧兒子餓肚子。」派克發表這篇文章時，正忙著寫他的書《解密：新美國祕史》（The Unwinding），這本不久後便出版的書榮獲美國國家圖書獎，儘管（或者就是因為）

他很少使用社群媒體。

總結來說，今日企業界的大趨勢正在減損人們深度工作的能力，雖然這些趨勢承諾的好處（例如增加偶然的發現、更快回應要求，以及更多的曝光）比起深度工作的利益（例如快速學習專業技術、達到高水準的表現）顯得微不足道，本章的目的就是要解釋這個矛盾。

我認為，深度工作越來越稀有，並不是因為它有什麼根本性的弱點。當我們深入探究為什麼我們會在工作場所擁抱分心，將會發現原因出乎意料的武斷：這根據的是錯誤的思維，加上知識工作定義的不明確與混亂。我的目的是要說服你，雖然當前擁抱分心的潮流是真實的現象，卻是建築在不穩定的基礎上，一旦你決定培養深度工作的能力，它將輕易被推翻。

擁抱分心的原因 1 ——度量黑洞

2012 年秋天，亞特蘭大媒體（Atlantic Media）科技長考克蘭（Tom Cochran）警覺到他花在電子郵件的時間，因此，和任何優秀的科技人一樣，他決定量化他的不安。他觀

察自己的行為，計算出一週內他收到 511 封電子郵件，並寄出 284 封；這等於五個工作日內，平均每天收發約 160 封電子郵件。再進一步計算，考克蘭注意到，即使他每封郵件平均只花 30 秒，加起來每天還是得花一個半小時，像人類網路路由器那樣收發資訊。看起來，他花了大量時間在並非他職務描述的主要項目上。

考克蘭在一篇部落格文章中寫到他為《哈佛商業評論》（*Harvard Business Review*）做的實驗，他說這個簡單的統計促使他思考公司裡其他人的情況。亞特蘭大媒體的員工究竟花了多少時間在傳遞資訊，而不是專注在他們被僱用來處理的工作？

決心找出答案的考克蘭蒐集了全公司的統計資料，包括每天發出的電子郵件數量，以及每封電子郵件的平均字數。他把這些數字和員工的平均打字速度、閱讀速度及薪水一起計算，他發現，亞特蘭大媒體一年花超過 100 萬美元，支付給員工處理電子郵件，每發出或接收一封訊息就讓公司支付約 95 美分的員工成本。考克蘭下結論說：「這種『免費而無害』的通訊方式，花費的軟成本相當於為公司買一架小型里爾噴射機。」

考克蘭的實驗得出一個有趣的結果──看似無害的行

為，實際上卻帶來成本。這則故事真正重要的是實驗本身，特別是它的複雜性。我們目前的電子郵件使用習慣對企業獲利有何影響？要回答這個簡單問題並不容易，考克蘭必須進行全公司的調查，蒐集來自資訊科技設施的統計，以及薪水、打字與閱讀速度，再把所有東西輸入一個統計模型，得出最後的結果。即使如此，得出的結果仍然是不確定的，因為它無法分離出這種頻繁且昂貴的電子郵件使用習慣能產生多少價值，以抵銷部分成本。

這個例子可以概括性地代表大部分可能妨害或改善深度工作的行為。分心帶來成本，深度可以提升價值，儘管我們接受這個概念，但正如考克蘭的發現，這些影響難以量化。這並非分心和深度工作獨有的特性，整體而言，隨著知識工作對工作者的要求越來越複雜，個人努力的價值也變得難以度量。法國經濟學家皮凱提（Thomas Piketty）在他針對主管薪資成長太快的研究中明白指出這一點，其論點基於一個假設，即個人對公司的貢獻難以客觀度量；一旦缺少這種度量，就可能發生非理性的結果，例如主管薪資高得與主管的邊際生產力不成比例。雖然皮凱提理論的一些細節備受爭議，但個人貢獻越來越難以度量，這個假設通常被認為「無疑是正確的」（引述自一個批評皮凱提的人）。

破壞深度工作所造成的影響不易測量，這類標準落在難以

測量的灰色地帶，一個我稱為「度量黑洞」的地帶。然而，難以測量並不是企業抗拒深度工作的主要原因。我們有許多難以測量影響的行為，在企業界卻很盛行的例子，例如，本章開頭提到的三個趨勢，或是讓皮凱提百思不解的主管高薪資。不過，要是缺少一個用來支撐的清晰標準，任何企業都難以對抗趨勢的變化，而在這股潮流中，深度工作似乎特別脆弱。

度量黑洞的現實就是接下來討論的背景，我將描述各種把企業推離深度工作、拉向分心選項的心態和偏見。這些行為如果能證明對結果有害，勢必難以生存，但度量黑洞讓我們在工作中越來越常遭遇分心。

擁抱分心的原因 2 ── 最小阻力原則

談到在工作場所擁抱的分心行為，我們不得不承認今日無所不在的連線文化是主因之一，無所不在的連線使我們被期待迅速閱讀和回應電子郵件（以及類似的通訊訊息）。哈佛商學院教授普洛（Leslie Perlow）在這個題目的研究中發現，她調查的專業人士每週在辦公室以外的地方花約 20 到 25 小時監看電子郵件，他們認為在收到電子郵件（公司郵件或外部郵件）的一個小時內回覆很重要。

許多人可能會說，這種行為在快步調的行業是必要的。但有趣之處就在這裡，普洛測試了這種說法，具體來說，她說服波士頓顧問集團（ＢＣＧ，一家高壓力的管理顧問公司，有著根深柢固的連線文化）的主管讓她調查公司一組團隊的工作習慣。她想測試一個簡單的問題：「隨時保持連線對你的工作真的有幫助嗎？」為了這個測試，她採用極端的做法，她強迫團隊成員在一週的工作日中選一天，與公司內部或外部的任何人斷絕連線。

「剛開始，團隊抗拒這項實驗。」她回憶說：「主管很支持連線的概念，對於必須告訴客戶，她的團隊一週將有一天不上線，她感到很緊張。」團隊成員也很緊張，擔心這麼做會危及他們的職業前途。但這個團隊並未流失客戶，成員也未丟掉工作，他們反而從工作中找到更多樂趣，彼此之間溝通變得更好，學到更多東西（從上一章談到的深度與技術發展的關係來看，這不難想見），而且更重要的是，可以交付給客戶更好的產品。

這引發一個有趣的問題：為什麼有那麼多公司效法波士頓顧問集團的連線文化，雖然正如普洛在她的研究中發現的，這對員工與生產力都是有害無益，而且可能對公司獲利沒有好處？我想答案可以從以下的職場行為中找到：

最小阻力原則

在企業環境中，由於缺少各種行為對企業獲利影響
的反饋，我們傾向於採用在當時最容易的行為。

回到我們對連線文化如此盛行的質疑，根據這個原則，
答案是「因為比較容易」。這個答案可成立，至少有兩大理
由，第一個與回應你的需求有關：如果你處在一個問題可以
得到答案，或者可以立即取得特定資訊的環境裡工作，你的
工作會比較順利——至少在當時。如果你無法指望能迅速獲
得回應，就得做更多的事前計畫、更有組織，你必須先放下
手邊的事，把注意力放在其他事情，一面等待你需要的回應。
這些都會讓你每天的工作變得更難，即使長期來看能得到更
滿意的成果。本章稍早提到即時通訊的崛起，可以說是這種
心態的極端展現。如果在一個小時內收到電子郵件回覆，能
讓你的工作更容易，那麼，在一分鐘內透過即時通訊得到答
案，將可以提升效率到另一個級數。

連線文化讓日子更容易的第二個理由是，它創造出一種
環境，即同意讓收件匣來管理你一天的工作——迅速回覆最
新的郵件，把其他事情堆在一邊，卻一直感覺很有生產力（稍
後會再多談這個主題）。如果把電子郵件移到你工作的邊緣
地位，你將需要採用更周密的方法來安排你應該做什麼和做
多久——這種規畫比較難。想想艾倫（David Allen）在《搞

定！》（*Getting Things Done*）一書中介紹的工作管理法，這套備受推崇的職場工作智慧管理系統，建議使用一套 15 個步驟的流程表，來決定下一步該做什麼，比較起來，只要點擊最新的電子郵件副本容易多了。

雖然我特別挑選隨時連線當作研究案例，但它只是眾多與深度對立且可能減損公司獲利的企業行為例子之一。這類行為的盛行，是因為在缺少度量的標準下，大多數人會選擇最容易的做法。

再舉另一個例子，想想安排定期專案會議的一般做法。這類會議往往占用大量時間，把日程表切割得支離破碎，使長時間專注工作變得不可能。但為什麼大家照舊這麼做？因為比較容易。對許多人來說，這類例行會議變成個人管理工作的一種簡單（雖然效果不彰）形式；不需要主動管理時間和任務，反而讓每週的會議強迫自己針對特定專案採取行動，並提供看似有進展的假象。

再想想一種令人氣結的常見做法，即轉寄電子郵件給一位或多位同事，以簡短的開放性疑問句作為標題，例如：「有好點子嗎？」這類電子郵件只花寄件人幾秒鐘，但收件人得花許多分鐘（甚至幾小時）和注意力才能寫出有條理的回覆。寄件人只要花一點點時間寫這類訊息，就能耗掉所有收件人

的大量時間。這種會消耗大量時間的電子郵件，其實很容易避免，但為什麼如此常見？從寄件人的觀點來說，因為這很容易。這是花最少精力就能清理他們收件匣的方法（至少能暫時淨空）。

最小阻力原則在度量黑洞的保護下未受到嚴格的檢視，它讓我們無需面對專注與計畫等短期的麻煩，但卻付出長期不滿意和無法生產真正價值的代價。這個原則驅使我們在獎賞深度的經濟中卻轉向淺薄。不過，這不是唯一利用度量黑洞來排擠深度的趨勢，我們還必須考慮一直存在、且總是令人氣惱的「生產力」要求，這也是我們下一個要談的主題。

擁抱分心的原因 3——以忙碌代表生產力

在研究導向的大學當教授有許多難處，但這個職業的好處之一是明確。身為學術研究者的表現多好或多差，可以歸結為一個簡單的問題：你是否有發表重要論文？這個問題的回答甚至可量化為一個數字，例如「H 指數」：一個以發明者赫希（Jorge Hirsch）命名的公式，計算你的出版和引用次數，得到單一數值，用來評估你對學術領域的影響。例如，在電腦科學界，H 指數要超過 40 很難，一旦達到就被視為

傑出的長期職涯表現。另一方面，如果你的 H 指數是個位數，而且正在接受終身職的審查，那你可能會碰上一些麻煩。「Google 學術搜尋」是學界搜尋論文的常用工具，它甚至能自動計算你的 H 指數，每週提醒幾次你的狀況。（如果你很好奇，截至我寫本章的早上，我的 H 指數是 21。）

這種明確性簡化了教授採用或放棄一個工作習慣的決定。例如，以下是諾貝爾獎得主物理學家費曼（Richard Feynman）在訪問中解釋他較不正統的生產力策略：

> 為了真正做好物理研究工作，你需要絕對夠長的時間，需要許多專注……如果你從事管理一切事情的職務，你不會有這種時間。所以我為自己發明了另一種迷思，就是：我不負責任。我積極地不負責任。我跟每個人說我什麼事也不做。如果有人要求我參與一個評審委員會，「不，」我會告訴他們，「我不負責任。」

費曼堅持逃避管理職務，因為他知道那會減損他做一件職涯中最重要的事：真正做好物理研究工作。我們可以假設，費曼可能拙於回覆電子郵件，如果你嘗試把他調到開放式辦公室，或者要求他上推特，他可能會轉換到別所大學。因為他很確定哪些事重要，所以也很確定哪些事不重要。

我提到教授的例子，是因為他們在知識工作者中有點特別，大多數知識工作者沒有這種可以反映他們的工作做得多好的透明資訊。社會批評家柯勞佛（Matthew Crawford）如此描述這種不確定性：「經理人自己就處於一種困惑的精神環境，也因為他們必須回應模糊不清的急迫事務而感到焦慮。」

　　雖然柯勞佛說的尤其是指中階知識工作經理人的困境，但他描述的「困惑的精神環境」卻適用於許多職務。柯勞佛在他 2009 年讚頌職業的書《摩托車修理店的未來工作哲學》（*Shop Class as Soulcraft*）中描述，他辭去華盛頓特區智庫主管的工作，開了一家摩托車修理店，就是為了逃避這種困惑感。面對一輛故障的摩托車，與它搏鬥，最後獲得他終於成功的明確證據——摩托車能發動並駛離修理店。這種體驗提供了具體的成就感，是他迷惘地與報告和溝通策略周旋的日子裡無緣享受的。

　　類似的現實情境也為許多知識工作者帶來問題。他們想證明自己在團隊中是有生產力的一分子，而非坐領乾薪，但他們並不完全清楚這個目標的內容，他們沒有逐漸提高的 H 指數或修好的摩托車來證明自己的價值。為了克服這個缺陷，許多人似乎正倒退回生產力較能明顯觀察的上一個時代：工業時代。

若要了解這種說法，不妨回想隨著泰勒（Frederic Taylor）倡導效率運動而興起的生產線。泰勒會拿著馬表監看工人動作的效率，尋找加快他們工作速度的方法。在泰勒的年代，生產力的度量很明確，即每單位時間製造的器具。

　　在今日的企業界，許多知識工作者在無計可施的情況下，似乎正重拾這種生產力的舊定義，嘗試在他們漫無標準的職業生活中證明自己的價值。我認為，知識工作者越來越重視外顯的忙碌，是因為他們沒有更好的方法來展現他們的價值。讓我們給這種傾向一個名稱：

以忙碌代表生產力

在沒有明確的指標可以證明工作是否有生產力或有價值的情況下，許多知識工作者正重拾工業時代的生產力指標：以明顯可見的方式做很多事。

　　這種心態為許多摧毀深度的行為大行其道提供另一個解釋。如果你隨時都在收發電子郵件，隨時安排時間並參加會議，如果你再用像 Hall 這種即時通訊系統在幾秒鐘內回答別人張貼的新問題，或者你在開放式辦公室漫步並與碰見的每個人腦力激盪──所有這些行為都能以公開方式讓你表現得像個大忙人。如果你以忙碌代表生產力，那麼這些行為對於說服自己和別人去相信你很稱職，就可能很重要。

這種心態未必是非理性的,對某些人來說,他們的工作確實仰賴這種行為。舉例而言,Yahoo 新執行長梅爾(Marissa Mayer)2013 年宣布禁止員工在家工作,她在檢查員工遠距登入公司伺服器的資料後做出這個決定。梅爾很生氣,因為在家工作的員工在工作時間登入伺服器的時間不夠久。就某個角度來看,她是在懲罰員工沒有花更多時間檢查電子郵件(登入伺服器的主因之一)。她傳達的訊息是:「如果我看不到你忙碌,我就假設你沒有生產力。」

客觀而言,這種觀念是過時的,知識工作不像生產線,而且從資訊萃取價值是一種與忙碌不相干、不能用忙碌證明的活動。例如,上一章提到華頓商學院最年輕的正教授格蘭特,經常斷絕與外界連線來專心寫論文,這種行為與公開的忙碌恰恰相反。如果格蘭特為 Yahoo 工作,梅爾可能會開除他。但這種深度策略已證明可以產生大量的價值。

當然,如果我們可以輕易證明這種過時的忙碌觀念對企業獲利的不利影響,就能消除它,只可惜,度量黑洞從中作梗,讓我們得不到明確的資訊。工作效率的曖昧,加上缺少度量各種策略是否有效的標準,使得客觀看來很荒謬的行為,在越來越令人困惑的職場心理氛圍中大行其道。

不過,我們接下來將談到,即使是了解深度對知識工作

的成功很重要的人，也可能被誘引而遠離深度。只要一種意識形態誘人到足以說服你拋棄常識，就可能發生這種事。

擁抱分心的原因 4 ── 網際網路狂熱教派

以《紐約時報》巴黎辦事處主任盧賓（Alissa Rubin）為例，她曾擔任阿富汗喀布爾的辦事處主任，在第一線報導戰後重建。我寫本章的時候，她正發表一系列嚴厲檢視法國政府共謀涉入盧安達種族滅絕事件的文章。換句話說，盧賓是一位嚴肅的新聞記者，是業界的佼佼者。她也使用推特 ── 我只能假設是出於她僱主的堅持。

盧賓的推特紀錄顯示她定期張貼一些有點散漫的推文，每隔兩天到四天一篇，就像是她收到《紐約時報》的社群媒體編輯台（真的有這個單位）提醒她安撫她的追隨者。除了少數例外，這些例外推文只提及一篇她最近閱讀並按讚的文章。

盧賓是記者，不是媒體人物，她對報社的價值是她培養重要新聞來源、分析事實和撰寫引起關注文章的能力。《紐約時報》就是靠像盧賓這樣的記者才建立起它的聲譽，這

種聲譽是報社在這個點擊誘餌無所不在的時代營運成功的基礎。那麼,為什麼報社要求盧賓定期打斷必要的深度工作,提供免費的淺薄內容給一家與報社無關的矽谷媒體公司(推特)經營的服務?也許更重要的是,為什麼這種行為對大多數人來說似乎很正常?如果我們能回答這些問題,就更能了解我想討論的最後一種與深度工作變得如此稀奇有關的趨勢。

答案的根本可以從紐約大學已故教授、通訊理論家波滋曼(Neil Postman)提出的警告中找到。波滋曼在 1990 年代初,個人電腦革命剛開始加速時說,我們的社會與科技的關係正陷入麻煩。他指出,我們討論的不再是新科技帶來的利弊得失,或是在新效率與隨之而來的新問題之間尋求平衡;而是只要是新科技,我們就假設它是好的,沒別的好談。

他稱呼這種文化為「科技壟斷」(technopoly),他的警告並非誇大其詞。「科技消滅了它本身以外的選項,正如赫胥黎(Aldous Huxley)在《美麗新世界》(*Brave New World*)裡的描述。」波滋曼在他 1993 年談論這個主題的書中說:「科技並沒有讓其他選項變得不合法,也沒有讓它們變得不道德,甚至沒有讓它們不受歡迎。科技讓它們隱形,並因此變得無足輕重。」

波滋曼於 2003 年過世，如果今日他還在人世，可能會很驚訝他在 1990 年代的憂慮這麼快就實現——一場始料未及、因網際網路突然崛起造成的沉淪。幸運的是，波滋曼有一個聰慧的繼承人承續他的網際網路時代觀點，以苛評見稱的社會評論家莫羅佐夫（Evgeny Morozov），在 2013 年出版的書《點擊此處，就能拯救一切》（*To Save Everything, Click Here*）中，嘗試揭露我們對「網際網路」科技壟斷的執迷（他刻意加上引號以強調這個詞代表的意識形態），他說：「這種把『網際網路』視為智慧和政策建議來源的傾向，將它從一套很無趣的電纜及網路路由器，轉變成誘人而刺激的意識形態——也許就像今日的 Uber 意識形態。」

　　在莫羅佐夫的批評中，我們已經把「網際網路」當成企業和政府的革命性遠景的同義詞。讓你的公司變得更「網際網路」，就等於跟上時代；反之，忽視這些趨勢，就會淪為寓言中汽車時代的馬車鞭製造商。我們不再把網際網路工具看成是營利公司推出的產品，由想從中獲利的投資者提供資金，並且由見機行事的二十幾歲年輕人經營。相反地，我們不假思索地把這些數位玩意兒偶像化成進步的象徵，以及（也許加上「美麗」）新世界的預兆。

　　這種網際網路中心主義（借用莫羅佐夫的用語）就是今日科技壟斷的樣貌。認識這個現實對我們很重要，因為它解

釋了本節討論的問題。《紐約時報》成立社群媒體編輯台，並向旗下的記者（如盧賓）施壓，督促他們做分心的事，因為在網際網路中心主義的科技壟斷下，這種行為非做不可。若不擁抱網際網路的一切，就會像波滋曼說的「變得隱形，並因此變得無足輕重」。

這種「變得隱形」可以解釋前面提到的，即法蘭岑說小說家不應該上推特所引起的騷動。這惹惱許多人，不是因為他們很懂書籍行銷而不同意法蘭岑的結論，而是因為知名人物說社群媒體不重要，令他們大感驚訝。在網際網路中心主義的科技壟斷時代，這種言論形同燒國旗——褻瀆神聖——而不是辯論。

這種心態幾近普世一致的現象，其最生動的映照，也許是我最近開車到我工作的喬治城校區時的經驗。我在康乃狄克大道前等候交通燈號改變時，停在一輛連鎖冷凍產品運輸公司的卡車後面。冷凍產品運輸業是一個複雜且競爭激烈的產業，需要的工會管理技巧不下於路線規畫技術，是個道地的老派產業，在許多方面和目前備受關注的精簡、一切仰賴電腦的科技新創產業正好相反。不過，我在卡車後面等候時思考的不是這家公司的複雜或規模，而是一面可能花了很多成本請人製作並貼在公司所有卡車後面的圖畫，上面寫著：請上臉書幫我們按讚。

深度工作在科技壟斷時代有一個嚴重的劣勢，它建立在品質、技藝和嫻熟等十分老派且非科技性的價值上。更糟的是，要支持深度工作，往往必須拒絕許多高科技的新東西。深度工作正遭到放逐，被社群媒體等造成分心的高科技行為取代，但原因並非前者在實證上比後者低劣。的確，如果我們有明確的標準可以度量這些行為對企業獲利的影響，目前的科技壟斷很可能崩潰。但度量黑洞阻礙這種明確性，提升了一切網路事物的地位，達到莫羅佐夫擔心的「Uber 意識形態」。在這種文化中，毫不意外地，比起光鮮炫目的推文、按讚、標籤照片、塗鴉牆、貼文和所有我們現在被教導為不可或缺——不為其他理由，只因為它們存在——的網路行為，深度工作確實很難與之競爭。

深度工作就是你的機會

深度工作在今日的企業環境應該被列為優先選項，但是卻沒有。我已經概述造成這個矛盾的各種原因，主要是深度工作較難，淺薄工作較容易；由於你的工作沒有明確的目標，使得環繞著淺薄工作的忙碌得以持續存在；我們的文化已經發展出一切與「網際網路」有關的行為就是好行為的觀念——不管它對我們生產有價值事物的能力有何影響。這些趨

勢都因為難以直接測量深度工作的價值及忽視它的成本而大行其道。

　　如果你相信深度工作的價值，就能了解這種情況整體來說，對企業是壞消息，因為企業將錯失大幅提高價值生產力的機會。但對個人來說，這是好消息，同儕和僱主的短視為你創造了大好的個人優勢。假設前面談到的趨勢持續下去，深度工作將變得越來越稀奇，並且越來越有價值。既然確定深度工作沒有根本的缺點，而且取代它的分心行為並非不可或缺，現在你可以充滿信心地繼續追求本書的終極目標——有系統地發展深度工作的能力，獲得豐碩的成果。

CHAPTER 3

深度工作力，
美好生活的必要條件

　　傅瑞爾（Ric Furrer）是一位鐵匠，專精於古代和中古世紀的金屬工藝，這也是他在自己的工廠多爾郡鍛造坊不斷辛苦鑽研的工作。「我的工作都靠雙手，使用能強化我的力量、但不阻礙我的創造力與材料互動的工具。」他在自己的藝術家宣言中解釋：「我用手打一百下的作品，大型鑄造機只要一下就能完成，這和我的目標恰好對立，我的所有作品都展現雙手打造的證據。」

　　2012 年公共電視網（PBS）的紀錄片讓我們得以一窺傅瑞爾的世界。我們知道他在威斯康辛州農村一座改裝的穀倉工作，距離密西根湖風景優美的斯特珍貝（Sturgeon Bay）不遠。傅瑞爾經常敞開穀倉大門（應該是為了驅散鍛造所產生的高溫），圍繞穀倉的是一望無際的農田。儘管背景是如詩如畫的田園，但他的工作乍看之下可能很粗野。在紀錄片

中，傅瑞爾嘗試鍛造一把維京時代的劍。他先以 1,500 年前的技術冶鍊坩堝鋼，那是一種極精純（就那個時代而言）的金屬，之後會鑄成一塊鋼錠，大小約三或四支智慧手機疊在一起。這塊精煉的鋼錠必須塑形並打造成優美的劍刃。

「這個初期塑形的部分很辛苦。」傅瑞爾對著攝影機說，一面按照步驟為鋼錠加熱、用鐵錘打、翻轉、再打，然後放回火焰下從頭來過。旁白透露要花八小時的錘鍊才能完成塑形。不過，當你觀看傅瑞爾工作，辛苦的感覺會逐漸轉變，很明顯地，他不像礦工揮動十字鎬那樣沉悶地打擊那塊金屬，他的每一下錘擊雖然用力，卻小心控制力道。他透過文雅的細框眼鏡（與他濃密的鬍鬚和寬闊的肩膀似乎格格不入）專注地盯著金屬，每錘打一下就翻轉它。「你必須很溫柔地處理，否則會有裂縫。」他解釋說。又錘打數下後，他加上一句：「你必須推它一把。它會慢慢瓦解，然後你開始樂在其中。」

傅瑞爾把鋼錠打出想要的形狀後，開始在一個放著燃燒焦炭的狹槽小心翻轉那塊金屬。他凝視劍身，突然說：「已經好了。」他舉起熱得火紅的劍，與他的身體保持距離，快步走向一個裝滿油的管子，將劍身插入以冷卻它。看到劍身沒有裂成碎片（這個階段經常發生的情況），傅瑞爾鬆了一口氣，將它從油中抽出。金屬殘留的熱點燃了油，黃色的火

焰吞噬整把劍。傅瑞爾用強壯的手臂將燃燒的劍高舉過頭，注視它一會兒，然後吹熄火焰。在這個短暫的停頓中，火焰照亮他的臉和他明顯可見的讚嘆表情。

「要做到恰到好處是我所知最複雜的事。」傅瑞爾解釋說：「就是這種挑戰驅策著我。我不需要擁有劍，但我必須鑄造劍。」

———

傅瑞爾是一位工藝大師，他的工作需要他一天大部分的時間處在深度狀態，只要稍有不注意，就可能毀掉數小時的努力。他也是一個顯然已經從他的職業找到深刻意義的人。在工藝世界，深度工作和美好生活之間的關係已廣為人知。「我們知道，透過靈巧的手藝具體實現自我，這種滿足能讓一個人感到祥和與自在。」社會評論家柯勞佛解釋說。我們也相信他的說法。

但是，當我們把注意力轉向知識工作時，這種關係變模糊了。一部分問題出在明確性，像傅瑞爾這樣的藝匠面對的職業挑戰容易定義，但難以執行——這種失衡在追求意義時很有幫助。然而，知識工作以曖昧取代這種明確。知識工作者做的事，以及工作者間的差異很難定義，在最糟的情況下，

所有知識工作做的看起來都是同樣的事，處理同樣累人的電子郵件和 PowerPoint，各行各業不同的只是簡報中使用的圖表。傅瑞爾如此描寫這種單調平板：「資訊高速公路的世界和網路讓我倒胃口，對我毫無吸引力。」

　　造成深度與知識工作的意義脫節的另一個問題是，嘗試說服知識工作者花更多時間從事淺薄活動的雜音。正如上一章的剖析，我們生活在一切與網際網路相關的事物都被視為創新和不可或缺的時代。摧毀深度工作的行為，像是立即回覆電子郵件和積極參與社群媒體備受讚賞，逃避這些趨勢則引來質疑。沒有人會怪罪傅瑞爾不使用臉書，但如果一個知識工作者做同樣的決定，將被貼上怪人的標籤（這是我從個人經驗得到的教訓）。

　　儘管深度與知識工作的意義關係較不明確，但並不表示這種關係不存在。本章的目標是說服你相信，深度工作可以在資訊經濟中創造這種滿足感，正如它在工藝經濟中那樣明顯。在後面的章節裡，我將以三個論證支持這個說法，這些論證大致遵循一個從狹義到廣義的軌跡：從神經學的觀點出發，前進到心理學觀點，並以哲學觀點結束。我將說明不管你從何種角度思考深度與知識工作的問題，都能明確地藉由擁抱深度、遠離淺薄，尋獲驅動著傅瑞爾的意義感。因此，本章，也是第一篇的最後一章，主題就是深度生活不僅能帶

來豐厚的經濟報酬，而且是一種美好的生活。

支持深度的論證 1 ——從神經學來看

科學作家葛拉格（Winifred Gallagher）在經歷一場意料之外的驚恐事件——診斷罹癌——後，誤打誤撞發現注意力與快樂之間的關連。「那是一種特別險惡、相當後期的癌症。」葛拉格在她 2009 年的書《全神貫注》（*Rapt*）中回憶，當她聽完診斷，離開醫院時，她突然有一股強烈的直覺：「這個疾病想獨占我的注意力，但我將竭盡所能專注在我自己的生活。」後續的癌症治療極其耗損和可怕，但葛拉格發現，在她一輩子寫非小說類文字磨練出來的大腦某個角落，仍堅持專注於生活的美好——電影、散步和六點半的一杯馬丁尼。這段期間，她的生活原本應該深陷恐懼和自憐，但她注意到，其實她經常感到愉悅。

在好奇心的驅策下，葛拉格開始深入探究注意力——也就是我們選擇專注什麼、忽視什麼——在決定我們的生活品質中扮演何種角色。鑽研五年的科學報告後，她終於深信自己見證了心智的「大統一理論」：

就像眾人一同指向明月，從人類學到教育、行為經濟學到家庭諮詢，各種不同領域都建議，有技巧地管理注意力，是美好生活的必要條件，也是改善幾乎所有層面經驗的關鍵。

這個概念顛覆了大多數人對主觀生活經驗的想法。我們往往把注意力放在環境，以為發生（或未發生）在我們身上的事件決定了我們的感受。從這個觀點來看，你如何花每天的時間這些小細節並不重要，因為重要的是大結果，例如你是否獲得升遷或搬進較好的公寓。但葛拉格數十年的研究結論與這種想法相反，我們的大腦反而是根據我們專注什麼來建構我們的世界觀。如果你專注在癌症，你和你的生活就變得痛苦和黑暗，但如果你專注於晚上的一杯馬丁尼，你和你的生活將變得更愉快——即使兩種情況的環境一樣。葛拉格下結論說：「你是誰，你思考什麼、感覺什麼、做什麼、你愛什麼——就是你專注什麼的總和。」

在《全神貫注》中，葛拉格引用北卡羅來納大學心理學家佛瑞德克森（Barbara Fredrickson）的研究。佛瑞德克森是一位情緒知覺專家，她的研究顯示，在經歷生活發生破壞性的遭遇後，你選擇專注什麼，對你日後的態度會產生重大影響。這類簡單的選擇可以為你的情緒提供「重新啟動鈕」。她舉一對夫妻為家務分配不均而爭吵的例子，「與其

繼續專注在伴侶的自私和懶惰，」她說，「你可以專注在衝突的氣氛逐漸惡化上，這就是朝向解決問題與改善情緒的第一步。」這聽來像是往好處想的簡單規勸，但佛瑞德克森發現，有技巧地使用這種情緒「槓桿點」，可以很有效地在遭遇負面事件後，創造更積極的結果。

科學家可以追溯這種效應的作用一直到神經學的層次。舉其中一個例子，史丹福大學心理學家卡斯坦森（Laura Carstensen）使用功能性磁振造影掃描儀，研究實驗對象面對正面和負面意象時的大腦行為。她發現對年輕人來說，杏仁核（情緒中心之一）受到兩種意象刺激時都會有活動。但是，掃描老年人的大腦，杏仁核只對正面意象產生活動。卡斯坦森推想，年紀大的實驗對象已訓練前額葉皮質在負面刺激出現時抑制杏仁核，這些年紀大的實驗對象不是因為他們的生活環境比年輕人好，才比較快樂，而是因為他們改造大腦的線路，忽視負面並享受正面。藉由有技巧地管理注意力，他們可以改善他們的世界，而無需做任何改變。

———————

現在，我們可以從葛拉格的大理論，更清楚了解深度工作在培養美好生活中扮演的角色。這個理論告訴我們，你的世界就是你專注什麼的結果。因此，在你投入大量時間在深

度工作時，不妨思考一下你建構的心智世界。深度工作本身就有一種穩定和重要的感覺——不管你是鑄劍的傅瑞爾，還是想優化運算法的電腦程式設計師。葛拉格的理論預測，如果你在這種狀態花夠多的時間，你的心智將體驗到你的世界充滿意義和重要性。

不過，在工作日培養全神貫注還有一種隱而未顯、但同樣重要的好處。這種專注將「劫持」你的注意力器官，避免你注意許多生活中無可避免會不斷發生的不愉快小事。我們下一節還會提到的心理學家契克森米哈伊（Mihaly Csikszentmihalyi），強調培養高強度的專注、達到沒有多餘的注意力去想到任何不相關的事情或擔心的問題，已明白指出這種好處。這些小事對知識工作造成的影響特別顯著，因為仰賴無所不在的連線，會製造出無數破壞性的分心，這些分心大多會在不知不覺中讓你的心智建構的世界喪失意義和重要感。

為了讓這個理論更具體，我用自己當作測試案例，以下是我開始寫本章的草稿前寄出的最後五封電子郵件，標題和內容摘要如下所示：

RE：急件　calnewport 品牌登錄確認
這則訊息是回應一個標準的詐騙企圖，某家公司用

它來騙網站擁有人登記在中國的網域名稱。我很氣惱他們不斷寄垃圾郵件給我，因為氣不過，我回信（當然是白費力氣）告訴他們，如果他們在電子郵件裡把「網站」拼對了，詐騙可能會比較有說服力。

RE：S R.

這則訊息是與一名家族成員談他在《華爾街日報》（*Wall Street Journal*）看到的一篇文章。

RE：重要建議

這封電子郵件是討論退休投資最大化的策略。

RE：FW：學習客（Study Hacks）

這封電子郵件是關於我想安排時間與一個來我居住城市訪問的人見面，但因為他行程緊湊而困難重重。

RE：只是好奇

這則訊息是與一位同事討論的一部分，是我對一些棘手的辦公室政治問題的回應（那種在學界單位常見的老套問題）。

這些電子郵件提供絕佳的研究案例，呈現在知識工作環境有哪些淺薄的小事會耗損你的注意力。這些例子呈現的問

題有些影響不大，例如討論一篇有趣的文章；有些則有點耗神，例如討論退休儲蓄策略（這類討論總是說你做得不對）；有些則令人沮喪，例如想在忙碌的行程中安排時間；有些則完全負面，例如生氣地回應詐騙者，或者擔憂地討論辦公室政治。

許多知識工作者花大部分的上班時間在應付這類的淺薄事務。即便他們必須專注完成其他工作，頻繁檢查收件匣的習慣卻始終占據他們的注意力。葛拉格教導我們，這是度過一天的愚蠢方法，它會讓心智把你的工作生活建構成充滿壓力、惱怒、挫折和繁瑣的世界。換句話說，你的收件匣所呈現的世界，不是一個住起來會很愉快的世界。

即使你的同事很和善，你們的互動總是愉快而正面，但容許你的注意力飄往誘人的淺薄事物，仍會使你掉入另一個葛拉格指出的神經陷阱。「長達五年對注意力的紀錄，證實了一些不為人知的事實，」葛拉格說，「懶散的心智是萬惡淵藪……當你失去專注，你的心智會固執於生活中有哪些不如意，而非好的一面。」從神經學的觀點來看，由淺薄支配的一天可能耗盡你的樂觀情緒，即使大多數抓住你注意力的淺薄事物似乎無害，或者很有趣。

這些發現的意義不言而喻，在工作，尤其是知識工作上，

增加投入深度工作的時間，意味著以數種有神經學根據的方式，利用大腦的複雜機制，把工作生活的意義感和滿足感最大化。「在我做過嚴格的實驗後⋯⋯我計劃要好好過我剩餘的人生。」葛拉格在她的書中做結論：「我將選擇關心的目標，全神貫注在這些事情上。總之，我將過專注的生活，因為那是最好的一種生活。」如果我們聰明的話，就應該效法她。

支持深度的論證 2 ──從心理學來看

為什麼深度工作能創造意義的第二個論證，來自世界上最著名的心理學家之一：契克森米哈伊。在 1980 年代初，契克森米哈伊和芝加哥的年輕同事拉森（Reed Larson）發明了一種新技術，以了解每日行為的心理影響。在當時，要精確測量各種活動的心理影響極困難。如果你帶一個人到實驗室，要求他回想幾個小時前的感覺，他可能已經記不得了。如果你給他一本日記，要求他記錄一整天的感覺，他可能也不會持續記錄，這工作太繁重了。

契克森米哈伊和拉森的突破是利用新科技（就當時來說），適時地問實驗對象問題。更具體地說，他們讓實驗對

象隨身攜帶呼叫器，這些呼叫器會以隨機決定的間隔時間發出嗶聲（這種方法的現代形式主要是智慧型手機的應用程式）。聽到嗶聲，實驗對象就記錄他們當時在做什麼，以及有什麼感覺。有些研究人員會發給他們筆記本，以記錄這些資訊，或者給他們一個電話號碼，打電話回答工作人員提出的問題。

由於嗶聲只會偶爾響起，但很難不聽到，因此實驗對象較可能遵守實驗程序，而且因為實驗對象是記錄他們當下進行的活動和感覺，所以會更精確。契克森米哈伊和拉森稱這種方法為「經驗取樣法」，它對我們日常生活真正的感受提供了前所未見的深入了解。

契克森米哈伊透過經驗取樣法的研究，證實了他在之前十年發展的一套理論：「最好的時刻總是發生在一個人自發性地發揮身體或心智的極限，完成困難且有價值的事情時。」契克森米哈伊稱這種心智狀態為「心流」（flow，這個詞因他 1990 年出版的同名書而廣為人知）。在當時，這個發現與主流的觀念相反，大多數人認為（至今仍然如此），放鬆讓他們快樂。我們會希望工作少一點，花更多時間在休閒上，但契克森米哈伊的研究結果發現大多數人的誤解：

諷刺的是，工作實際上比休閒時間更容易獲得快樂。

因為就像心流活動一樣，它有內建的目標、反饋的法則和挑戰，這些都鼓勵人投入工作，專注並全神投入其中。另一方面，休閒時間是未經建構的，需要更多努力才能形成可以樂在其中的狀態。

經過實際測量，人在工作時出乎意料地較快樂，放鬆時反而較不快樂。正如經驗取樣法研究證實的，實驗對象如果在一週中發生較多這種心流體驗，對生活的滿意度會更高。人類似乎在沉浸於挑戰時最快樂。

當然，心流理論和上一節葛拉格提出的概念有重疊之處，兩個觀念都指向深度比淺薄重要，但它們對這種重要性的解釋不同。葛拉格強調我們專注的內容很重要，如果我們專注於重要的事情，並因此忽視淺薄的負面事情，我們將感到我們的工作生活更重要、更正面。對照之下，契克森米哈伊的心流理論大致說來並不強調專注的內容，雖然他可能同意葛拉格引述的研究，但他的理論指出，深度的感受本身就令人受益良多。我們的心智喜歡這種挑戰，不管專注的內容是什麼。

━━━━━

深度工作與心流的關連應不難想見，深度工作是很容易

創造心流狀態的活動。契克森米哈伊用心流狀態描述伸展你的心智到極限，專注、全神投入一種活動，這些都能用來描述深度工作。我們剛才也學到，心流能創造快樂，把這兩個概念結合在一起，就會得到一個心理學支持深度工作的強力論證。

從契克森米哈伊最早的經驗取樣法實驗以來，數十年的研究都證實專注的行為能使意識感受到生活的價值。契克森米哈伊甚至主張，現代企業應擁抱這個事實，「應該重新設計工作，讓工作盡可能類似心流活動。」

不過，他知道重新設計工作很困難，也會破壞既有秩序（參考前一章的討論），因此他又解釋，更重要的是，個人應該學習如何尋找創造心流的機會。這正是我們在這一章短暫介紹實驗心理學的寶貴收穫：以深度工作產生的心流經驗作為工作生活的核心，是一條經過驗證可以獲得深度滿足的途徑。

支持深度的論證 3 ──從哲學來看

最後一個深度與意義關係的論證，需要從較具體的神經

學和心理學世界退一步，轉而採取哲學的觀點。我將借助兩位熟悉該主題的學者來展開我們的討論，一位是在柏克萊大學教哲學逾 40 年的德雷福斯（Hubert Dreyfus），另一位是凱利（Sean Dorrance Kelly），在我寫本章時是哈佛大學哲學系主任。德雷福斯和凱利 2011 年出版一本書《萬物放光輝》（*All Things Shining*），探討神聖和意義的概念如何在人類文化的歷史中演進。他們想重建這個歷史，因為擔心我們當前的時代將成為其終點。「這個世界曾經是一個萬物以各種形式呈現神聖光輝的世界，」德雷福斯和凱利在書中開宗明義說，「如今散放光輝的事物似乎已遠離。」

昔日和今日間發生了什麼事？兩位作者說，簡單的回答就是笛卡兒（Descartes）的懷疑論。懷疑論帶來的激進觀念是，個人尋求真理，勝過上帝或君王授予真理。當然，它促成的啟蒙運動引發人權的觀念，讓許多人免於壓迫，但德雷福斯和凱利強調，這種思想儘管在政治領域帶來進步，但是在形而上學方面也摧毀了創造意義所不可或缺的秩序和神聖。

在後啟蒙時代的世界，我們肩負自己尋找何者有意義、何者無意義的任務，這件事顯得漫無邊際，帶來令人畏懼的虛無感。「啟蒙運動在形而上擁抱自主的個人，不僅導致一種無聊的生活，」德雷福斯和凱利憂慮地指出，「且無可避

免地導向一種幾近無法過活的日子。」

這個問題乍看似乎與我們探究深度工作帶來的滿足感無關，但是，繼續深入德雷福斯和凱利提出的解決之道，我們將對在職業生活中追尋意義來源獲得全新的認識。一旦理解德雷福斯和凱利對現代虛無主義的對策，正是本章開頭談論的主題「藝匠」時，這種關係就不令人感到意外了。

德雷福斯和凱利在他們書中的結論，提供一把以承擔責任的態度重新啟動神聖感的鑰匙。為了說明這個概念，他們舉一位車輪製造師傅——製造如今已失傳的木製馬車輪——的故事為例。「由於每一塊木頭都不一樣，有其獨特的個性，」兩位作者詳述這位車輪師傅，「木匠與他加工的木頭有緊密的關係，木匠必須喚起並注意它細微的特性。」他們寫道，在探索木頭細微的特性中，這位木匠無意中發現在後啟蒙世界中極重要的東西：存在於個人之外的意義來源。這位車輪師傅不會武斷地決定他加工的木頭哪些有價值、哪些無價值。價值存在於木頭生而具有的性質，以及它能發揮的作用。

正如德雷福斯和凱利的解釋，這種神聖性是工藝的特性。他們的結論是，藝匠的工作不是創造意義，而是培養自己具備看出已經存在其中的意義。這讓藝匠免於個人主義的

虛無，進而提供一個有秩序的意義世界。而且，這種意義似乎比舊年代主張的意義來源安全多了。兩位作者暗示的是，這位車輪師傅不能用一塊松木的特性來解釋專制君主政治的正當性。

━━━━━

回到職業生活滿足感的問題，德雷福斯和凱利詮釋工藝是通往意義的途徑，解釋了為什麼佛瑞爾的工作能引起許多人的共鳴。哲學家會說，佛瑞爾努力從原始的金屬淬鍊藝術時臉上的滿足表情，表達了他真正了解現代生活中某種難以捉摸、但很珍貴的東西──對神聖性的領悟。

一旦了解後，我們就能把傳統工藝中存在的這種神聖性連結到知識工作的世界。要建立這種連結，我們必須先做兩個重要觀察，第一個可能並非明顯可見、但有必要強調：談到創造意義的來源，這並非工藝獨具的特性，任何努力──不管靠勞力或腦力──若能達到高層次的技術，都能創造神聖感。

為了細說這一點，讓我們從老式的木雕或金屬鍛造跳到現代電腦程式設計的例子。想想程式設計天才岡薩雷斯（Santiago Gonzalez）如何向訪問者描述他的工作：

完美的程式簡短而清晰，當你把它拿給其他設計師
看，他們會說：「哇，這個程式寫得很棒！」那就
像你寫了一首詩。

岡薩雷斯討論電腦程式設計的方式，就像德雷福斯和凱
利引述的木匠討論他的工藝。

在電腦程式設計界深獲好評的書《程式設計師修煉之
道》（*The Pragmatic Programmer*），在序言中借用中世
紀採石工人的信條，更直接道出程式與老式工藝的關連：「我
們雖然只是採石者，仍須心心念念揣摩大教堂。」書中接著
詳談程式設計師必須以同樣方式看待他們的工作：

在一項計畫的整體結構中，總是有個性和技藝施展
的空間⋯⋯正如今日的土木工程師看中世紀大教堂
建造者使用的技術，一百年後，我們的設計可能看
起來很古老，但我們的技藝仍受人尊敬。

換句話說，你不一定要在一座敞開的穀倉裡汗流浹背，
你的工藝才足以創造德雷福斯和凱利所說的意義。在資訊經
濟中，大多數需要技術的工作都能找到類似的技藝，不管你
是作家、行銷人員、顧問或律師，你的工作就是技藝。如果
你磨練你的能力，以尊敬和細心應用它，那就像技術高超的

車輪師傅，你也能從職業生活的日常努力中創造意義。

談到這裡，有人可能會說他們從事的知識工作不可能成為這樣的意義來源，因為他們的工作內容太世俗了。但這是錯誤的想法，而我們對傳統技藝的思考有助於矯正它。在我們當前的文化中，很強調職務內容，例如，我們對「追隨你的熱情」這個建議的執迷（我上一本書的主題），是受到「最能影響職涯滿足感的，是你選擇的工作的內容」這個（錯誤）觀念的刺激。在這種觀念下，只有少數精緻的工作能成為滿足的來源，也許是在非營利機構工作，或是創立一家軟體公司，其餘的工作則沒有靈魂、平淡無奇。

德雷福斯和凱利的哲學讓我們免於落入這種陷阱，他們引述的藝匠並非從事精緻的工作。在人類歷史上，成為一個鐵匠或車輪木匠並不特別光彩，但這不重要，因為工作的內容無關緊要。這種努力之所以能發掘意義，是因為來自工藝本身的技術和領悟，而不是來自工作的結果。換言之，木頭輪子並不高貴，但打造它卻可以高貴。同樣的道理適用於知識工作 —— 你不需要從事精緻的工作；你需要的，是以精緻的方法做你的工作。

第二個重要觀察是，培養技藝是一項深度任務，需要深度投入。我在第一章說過，深度工作是培養技術並發揮技術

到高超水準——亦即工藝的核心活動——所不可缺少的。因此，深度工作是以德雷福斯和凱利描述的方式，從你的職業萃取意義的關鍵。這意味著，在你的職涯中擁抱深度工作，導引它朝向培養你的技術，就能把知識工作從分心而耗神的義務，轉變成帶給你滿足感的東西——進入充滿光輝和美妙事物的世界的入口。

深度生活就是好生活，不管你從什麼角度看

第一篇前兩章的內容偏重實際面，說明深度工作在我們的經濟中越來越珍貴，同時也越來越稀少（因為一些武斷的理由）。這代表一種典型的市場不匹配：如果你培養這種技術，就能在職場上左右逢源。

對照之下，這一章並未多著墨職場發展的實務討論，但之前討論的概念絕對有必要進一步探究，我會在後面的篇章提出一套積極的計畫，協助你將你的職業生活轉變成以深度為中心的生活。這是一個艱難的轉變，如同許多改變一樣，理由充分的實務討論只能刺激你到某個程度，到最後，你追求的目標必須在較為人性的層次上引發共鳴。談到擁抱深度，這種共鳴是少不了的，本章指出，不管你從神經學、心

理學或玄奧的哲學角度探究深度活動，都指向深度與意義之間的關連。人類已經進化到在深度中繁榮興盛、在淺薄中沉淪衰敗的境界，變成我們或許可以稱為「深度智人」的物種。

我在前文引述篤信深度的葛拉格的話：「我將過專注的生活，因為那是最好的一種生活。」這可能是總結本章和第一篇最好的一句話。深度生活就是好生活，不管你從什麼角度看。

PART TWO
原則

RULE 1
培養深度工作力

　　我和德溫（David Dewane）在杜邦圓環酒吧碰面小酌，他提起「幸福機」。德溫是建築學教授，喜歡探討概念與具象交會的事物，幸福機是這種交界的好例子，這個以古希臘的幸福概念（達到人的潛能完全釋放的狀態）為名的機器，竟是一棟建築。德溫解釋說：「這部機器的目標是創造使用者可以進行深度人類發展的環境——以個人能力的最大限度工作。」換句話說，這是一個專為深度工作而設計的空間，你不難想見，我深受吸引。

　　德溫一邊解釋那部機器，一邊拿筆畫設計草圖。這棟建築的結構是單層樓的長方形，有五個房間並排，一間挨著一間。沒有共用的走廊，你必須穿過一個房間才能走到另一個房間。德溫解釋說：「這很重要，因為你在深入機器時，不能繞過空間。」

從街道進入建築的第一個房間稱作展覽室，在德溫的計畫中，這個房間將展示在這棟建築裡進行的深度工作。它的用意是激勵機器的使用者，創造一種「健康的張力與同儕壓力」的文化。

離開展覽室後，接著會進入沙龍。德溫想像，這裡提供高品質的咖啡，甚至有一個長吧檯，也有沙發和 Wi-Fi。沙龍的設計是想創造一種「徘徊在高度好奇和辯論」的氣氛。這裡是用來辯論、沉思的地方，讓你思索你將在這座機器裡深入發展的點子。

經過沙龍，會進入圖書室。這個房間儲藏所有在這座機器裡製作的作品，以及過去的工作使用的書籍和其他資源。裡面有影印機和掃描機，以便你為你的計畫蒐集必要的資訊。德溫形容這間圖書室是「機器的硬碟」。

下一個房間是辦公空間，裡面是一間標準的會議室，配備白板和一些有小隔牆的辦公桌。德溫解釋：「辦公室是為低強度的活動所設計。」以我們的用語來說，這個空間用來完成必要的淺薄工作。德溫想像有一位管理員坐鎮在一張桌子前，他會協助使用者改善工作習慣，使他們的效率最大化。

接著是幸福機的最後一個房間，裡面是好幾個德溫稱為「深度工作室」的小房間（他從我討論深度工作的文章借用這個詞）。每個小房間設計成 6 呎乘 10 呎，中間隔著厚實的隔音牆（德溫的計畫是 18 吋的隔音牆）。「深度工作室的目的是實現完全專注且不被打斷的工作流。」德溫解釋說。他想像使用者在小房間工作 90 分鐘，然後休息 90 分鐘，重複二到三次——這時候你的大腦將達到一天專注的極限。

截至目前，幸福機只是一疊建築草圖，但即使只是一項計畫，它支援卓越工作的潛力令德溫躍躍欲試。「我認為，這是我一輩子設計過最有趣的建築。」他告訴我。

———

在理想世界——一個接受並稱頌深度工作價值的世界——所有人都能使用像幸福機這樣的空間。也許和德溫的設計並不完全一樣，但同樣是協助人們盡可能從大腦萃取最大價值的工作環境（和文化）。遺憾的是，這個願景距離當前的現實仍很遙遠。我們發現自己置身紛擾的開放式辦公室，在那裡，我們無法忽視收件匣，而且有開不完的會——在這個環境裡，你的同事寧可你迅速回覆他們最新的電子郵件，勝過生產最優質的成果。換句話說，身為本書讀者的你，是淺薄世界的深度信徒。

這個原則——本書四個原則中的第一個——就是為了減少這種衝突。你可能沒有自己的幸福機，但後面談到的策略將在你令人分心的職業生活中，協助你模擬它的效用。這個原則將告訴你，如何把深度工作從一股渴望，轉變成你每日時間表裡不可或缺的一部分。接著，原則二到原則四將提出訓練專注力和對抗分心的策略，協助你發揮深度工作習慣的最大效用。

在談這些策略前，我想先解決一個可能困擾你的問題：為什麼我們需要這麼大費周章的「干預」？也就是說，如果我們已經接受深度工作是有價值的，只要多去做不就夠了嗎？我們真的需要像幸福機這麼複雜的東西，才能提醒自己要專注這麼簡單的事嗎？

不幸的是，以專注取代分心並不是簡單的事。為了解原因何在，讓我們仔細探究進入深度狀態的主要障礙之一：促使你把注意力轉向淺薄的衝動。大多數人承認，這種衝動讓想專注在重要工作的努力變得困難重重，但大多數人都低估它有多常出現、力量有多大。

根據 2012 年由心理學家霍夫曼（Wilhelm Hofmann）和鮑梅斯特（Roy Baumeister）做的研究，205 名成年實

驗對象配備著會在隨機時間啟動的呼叫器（使用第一篇討論過的經驗取樣法），當呼叫器響起時，實驗對象要暫停手上的事，回想他當時感覺到的渴望，以及之前 30 分鐘的感覺，然後回答一組有關這些渴望的問題。經過一週後，研究人員蒐集了 7,500 份樣本。以下是其研究結果的濃縮版：人們一整天都在對抗渴望。鮑梅斯特在後來出版的書《增強你的意志力》（*Willpower*，與科學作家堤爾尼〔John Tierney〕共同寫作）中總結：「渴望是常態，不是例外。」

毫不意外地，這些實驗對象最常出現的五種渴望包括吃、睡和性，但也包括「在辛苦的工作中暫時休息……檢查電子郵件和社群網站、瀏覽網路、聽音樂或看電視」。這證明網際網路和電視的吸引力尤其強烈，實驗對象只有一半時候能成功抗拒這些特別容易上癮的分心事物。

這些結果對本章的目標而言——協助你培養深度工作的習慣——是壞消息。它意味著你可能一整天都會遭到想逃避深度工作的渴望不斷攻擊，而且如果你與霍夫曼和鮑梅斯特研究裡的實驗對象一樣，這些分心的渴望通常會得逞。此刻你的反應可能是：你才不會和那些實驗對象一樣，因為你了解深度的重要，會更嚴格要求自己保持專注。這是積極的想法，但數十年的研究已證明，你的努力終歸會失敗。從鮑梅斯特發表一系列開創性的論文以來，越來越豐富的研究已確

立一個有關意志力的真相：你的意志力有限，而且會隨著你使用它而耗盡。

換言之，你的意志力並不是你可以無限使用的一種個性，而是像肌肉一樣，也會疲乏。這就是霍夫曼和鮑梅斯特研究中的實驗對象在對抗渴望時如此困難的原因——長期下來，分心會耗盡他們有限的意志力，直到他們無法抗拒。不管你多麼有心，同樣的情況也會發生在你身上，除非，你善於建立習慣。

這帶我們來到本章的策略背後的概念：發展深度工作習慣的關鍵在於，為你的工作生活建立常規和儀式，減少依靠有限的意志力來進入與維繫不間斷的專注狀態。

舉例來說，如果你在一個逛網站的散漫下午決定把注意力轉向花腦力的工作，就必須耗費大量的有限意志力，才能把注意力從線上的新奇事物拉回來，因此經常會失敗。但如果你採用聰明的常規和儀式——也許是每天在固定的時間和安靜的地點從事深度工作——你只需要較少的意志力就能開始並持續下去。長期下來，你可以經常成功投入深度工作。

了解這個觀念後，我們可以把接下來要談的六個策略視為一套常規和儀式，專用來在有限的意志力下，讓你在日常

工作中，持續達成深度工作量最大化。它會要求你以特定的方法安排工作，在每次開始工作時強化你的專注力。這些策略中，有一些是採用簡單的啟發法，以占據你大腦的動機中心；有一些則是幫助你以最快的速度補充你的意志力儲備量。

當你嘗試把深度工作列為優先事項，你可以利用這些策略來支持你的決定，或根據相同原則制定自己的策略，這將大幅提高你成功把深度工作變成職業生活中重要部分的機率。

策略 1 ——確立你的工作哲學

知名電腦科學家高德納（Donald Knuth）重視深度工作，他在自己的網站上解釋：「我的工作需要長時間的研究與不被打斷的專注。」

夏佩爾（Brian Chappell）是一位博士候選人，身為父親並擁有一份全職工作的他也重視深度工作，因為在他有限的時間下，唯有如此才能按部就班寫他的論文。夏佩爾告訴我，他第一次認識深度工作的概念時，他深感振奮。

我提到這些例子，是因為高德納和夏佩爾重視深度的看

法一致，但對於把深度納入他們的工作生活卻有不同的哲學。我接下來會詳細談到，高德納採用一種修道院式的生活，藉由消滅或減少其他工作，把深度工作列為優先事項。對照之下，夏佩爾運用節奏式的策略，在每個工作日早上同一段時間工作（清晨 5 點到 7 點 30 分，沒有例外），然後才展開同時得做一般分心事務的一天。兩種方法都有效，但不見得適合每個人。高德納的方法可能適用於職務主要是思考大藍圖的人，但如果夏佩爾採用拒絕所有淺薄事物的做法，他可能會丟掉工作。

你需要自己的哲學，才能把深度工作納入你的職業生活。以個案方式安排深度工作，通常不是管理有限意志力的有效方法。這些例子凸顯出你在選擇方法時應該注意，務必慎選一種適合自身狀況的哲學，因為不適合的方法可能會傷害你的深度工作習慣，讓它沒有機會固定成形。我將提出四種我曾看過在實際運用中效果極佳的哲學，協助你避免這種不幸。我的目標是要說服你，有許多不同的方法可以把深度工作納入你的時間表，值得你花時間找到適合自己的方法。

方法 1：修道院式的深度工作時間安排

讓我們回頭談高德納，他以許多電腦科學的創新而聞名，其中最著名的是發展出嚴格的演算法分析理論。不過，

高德納在他的同儕中也以處理電子通訊的方法而惡名遠播。
如果你上高德納在史丹佛大學的網頁，想查他的電子郵址，
只會發現如下的文字：

> 我從 1990 年 1 月 1 日以來一直過得很快樂，我從那
> 時候起就不再有電子郵址。我大約從 1975 年開始使
> 用電子郵件，而我覺得使用 15 年的電子郵件對一生
> 來說已經夠久了。對於在生活中扮演的角色是重視
> 表層的人來說，電子郵件是好東西，但對我來說不
> 是，我的角色重視事物的底層。我的工作需要長時
> 間的研究與不被打斷的專注。

高德納承認，他無意過著與著世隔絕的生活，他說，他
寫書必須與成千上萬人通訊，而且他也想回應問題和評論。
他的解決方法是什麼？他提供一個郵址——一個實體郵件的
地址。他的行政助理會過濾寄到這個郵址的信件，留下她認
為重要的信。要是有緊急的內容，她會迅速交給高德納，其
餘的信他每隔約三個月一次處理完畢。

高德納採用我稱之為修道院式的深度工作時間安排，這
種哲學藉由去除或激進地減少淺薄義務，把深度工作最大
化。修道院式的實行者往往有明確定義和高度重視的職業目
標，而且他們的職業成功主要來自把這個單一的工作做到極

致。這種明確性有助於他們斬除淺薄的糾纏，追求他們工作世界中更被重視的價值。

例如，高德納解釋他的職業目標如下：「我嘗試竭盡所能地學習某些電腦科學領域，我消化這些知識，轉化成讓沒有時間研究這些學問的人能了解的形式。」如果你嘗試說服高德納建立推特的追隨群眾，可以帶來有形報酬，或是使用電子郵件可能帶來意想不到的機會，你註定會失敗。因為這些行為對他殫精竭慮地了解電腦科學領域，然後以簡明易懂的方式寫作的目標，沒有直接的幫助。

另一個堅持修道院式深度工作的人，是廣受好評的科幻作家史蒂文森。造訪史蒂文森的網站，你會注意到上面沒有電子郵址或收信地址。從史蒂文森 2000 年代初期的網站張貼的兩篇文章，可以了解他不留連絡資訊的原委，在其中一篇 2003 年存檔的文章中，史蒂文森總結他的通訊政策如下：

> 對於想干擾我專注的人，我委婉地要求別這麼做，並在此警告：我不會回覆電子郵件……萬一我的通訊政策訊息淹沒在文字中，我在此簡明地重申：我所有的時間和注意力都已被占滿——超過好幾倍。請別再向我要了。

為了進一步替這個政策辯護，史蒂文森寫了一篇以〈為什麼我是如此糟糕的通信者〉為題的文章，解釋他不提供連絡資訊的主因是基於如下的決定：

> 生產力方程式是非線性的。這解釋了為什麼我是如此糟糕的通信者，以及為什麼我絕少接受演講邀約。我以這種方式安排我的生活，就能保有連續、不被打擾的長時段用來寫小說。如果這些時段被切得片片斷斷，我身為小說家的生產力將大幅滑落。

史蒂文森看到兩個互相排斥的選項：他可以定期寫出好小說，或者，他可以回覆許多人的電子郵件和參加演講，但以緩慢的速度寫品質較差的小說。他選擇前者，而這個選項讓他必須盡可能在他的職業生活中避開任何淺薄工作來源。（這個問題對史蒂文森是如此重要，所以他繼續在 2008 年的長篇科幻小說《飛越修道院》〔 Anathem 〕中探究它的影響──包括好的和壞的。在這本小說描述的世界裡，知識菁英過著修道院秩序的生活，與紛擾躁動的大眾和科技隔絕，專門思索深奧的思想。）

根據我的經驗，修道院哲學讓許多知識工作者避之唯恐不及。我認為這種哲學的擁護者如此明確地昭告他們對世界的價值，挑動了對資訊經濟有更複雜貢獻者的神經。「更複

雜」當然不表示「更少」，例如，一名高階經理人可能在一家數十億美元規模的企業扮演重要角色，即使他不能像指著一本完成的小說那樣，指著一堆零碎的工作說：「這就是我今年的生產成果。」因此，適用修道院哲學的人為數有限──這沒有什麼不對。如果你不是這群人之一，這種激進的簡單方法應該不會激起你的羨慕。另一方面，如果你是這群人之一──你的貢獻是完整、明確且個人化的＊──那麼你應該認真考慮採用這種哲學，因為它可能是決定你的職涯是平庸抑或卓越的關鍵因素。

方法 2：雙模式的深度工作時間安排

本書的開頭是引領革命的心理學家兼思想家榮格的故事。在 1920 年代，榮格嘗試脫離他的導師佛洛伊德偏狹的學說時，他開始定期到他在柏林根小鎮外的簡陋石屋。在那裡，榮格每天早上把自己鎖在一個不受干擾的房間以專心寫作，然後他會冥想、在林中散步，沉澱他的思維，為明日的

＊ 我在此處使用「個人化」一詞的定義較寬鬆些，修道院哲學不只適用於單獨工作者，還有許多深度工作的例子是出自於小團體，例如羅傑斯與漢默斯坦（Rodgers and Hammerstein）作曲團隊，或像萊特兄弟（Wright brothers）這種發明團隊。我用這個詞的本意是，這種哲學很適合工作目標明確、不必負擔身為大組織一分子附帶的其他義務的人。

寫作做準備。這些做法的用意在於提高深度工作的強度,達到讓他與佛洛伊德及其眾多支持者的思想戰鬥得以成功的程度。

　　我回顧這則故事是想強調一個重點:榮格並未採用修道院式的深度工作法。前面舉例的高德納和史蒂文森,嘗試完全消除職業生活中的分心和淺薄。對照之下,榮格只在他停留避靜屋的期間避免被干擾,其餘時間就住在蘇黎世,他的生活絕非修道院式的:他經營一家忙碌的診所,經常看病患到三更半夜;他是蘇黎世咖啡館文化的積極參與者;他還在蘇黎世的知名大學發表演講或出席他人的演講。(愛因斯坦〔Albert Einstein〕從蘇黎世一所大學獲得博士學位後,也在那裡的另一所大學執教。有趣的是,他認識榮格,兩人曾數度共進晚餐,討論愛因斯坦相對論的主要概念。)換句話說,從許多方面來看榮格在蘇黎世的生活,與現代典型的高度連線的知識工作者很類似,如果以「舊金山」取代「蘇黎世」,以「推特」取代「信函」,我們可能就是在討論某個當紅的科技業執行長。

　　榮格的方法正是我所謂雙模式的深度工作時間安排,這種哲學要求你切割時間,分配一些明確的時段給深度工作,其餘時段開放給別的事。在深度時段,雙模式工作者會採取修道院式的行為——尋求高度且不被打斷的專注;而在淺薄

時段，這種專注並非優先要務。深度時段與開放時段的分配可以用在不同長短的期間，例如在一週期間，你可能會分配四個工作日給深度工作，並開放其餘的日子。類似的，在一年期間，你可能會分配一季的時間來完成大部分的深度工作（正如許多學者在夏季或休假期間的做法）。

雙模式哲學相信深度工作可以製造極高的生產力，但必須分配足夠的時間才能達到最大的認知強度，帶來真正的突破。這也是雙模式哲學的深度工作時間單位往往需要至少一整天的原因，對支持這種方法的人來說，只撥出早上幾個小時的深度工作時間太短了。

無法大量投入深度工作的人經常會採用雙模式哲學，例如，榮格需要在診所執業來償付帳單，也需要蘇黎世咖啡館的環境來刺激他的思想，在兩個模式間切換的方法剛好滿足他的需求。

為了提供較現代的雙模式哲學例子，我們不妨回頭看第一篇介紹的華頓商學院教授格蘭特對工作習慣的深思熟慮。你可能還記得，在華頓商學院教授位階迅速攀升的期間，格蘭特的時間安排方法正好是雙模式的絕佳案例。他在每個學年把所有課程排進一個學期，其他時間就專注在深度工作。在深度工作的學期裡，他以週為期間來應用這種雙模式哲

學。他可能每個月一次或兩次，花兩天到四天變成完全的修道士：他會關上門，把電子郵件設定自動回覆「外出，不在辦公室」，然後不受干擾地做研究工作。在非深度時段，格蘭特保持開放且可連絡的狀態，從某個角度來看，他必須如此，他 2013 年的暢銷書《給予》倡導奉獻時間和注意力而不期待回報，這是他職業發展的主要策略之一。

採用雙模式哲學的人欽佩修道士的生產力，但也尊重自己的工作生活中來自淺薄行為的價值。也許，這種哲學的最大障礙是，即使是短暫的深度工作也需要彈性，許多人擔心他們現在的職務缺少這樣的彈性。如果只是要你一小時不看收件匣，就讓你感到不舒服，那麼要你消失一兩天的主意肯定很渺茫。但我相信一定有很多職務適合這種雙模式哲學，例如前面提到的哈佛商學院教授普洛的研究，在這個例子裡，一群管理顧問被要求每週切斷連線一天，這些顧問擔心客戶可能會抗議，但結果發現客戶其實並不在意。

就像榮格、格蘭特和普洛的例了，人們會尊重你不連絡的權利，只要你明確定義並公告這些時段，過了這些時段，人們可以很容易再度找到你。

方法 3：節奏式的深度工作時間安排

在喜劇節目《歡樂單身派對》（*Seinfeld*）播出的早期，賽恩菲爾德（Jerry Seinfeld）還是一個為巡迴演出而忙碌的喜劇演員。這段期間，同樣從事即興表演的作家兼喜劇演員以薩克（Brad Isaac），在一家俱樂部遇見等著上台表演的賽恩菲爾德，以薩克後來在「生活駭客」（Lifehacker）網站一篇很經典的文章上說：「我看到我的機會，我必須問賽恩菲爾德對一個年輕喜劇演員有什麼建議，他告訴我的東西讓我一輩子受益良多。」

賽恩菲爾德以一些老生常談開始建議他：「當好喜劇演員的祕訣在於製造更好的笑話。」然後解釋製造好笑話的祕訣是每天寫作。賽恩菲爾德接著描述他以一種很特殊的技巧來保持這種紀律：在牆上掛一幅月曆，要是有寫出笑話的日子，他就在月曆上那一天打一個大大的紅色 X。「幾天之後，你就會有一條鍊子。」賽恩菲爾德說：「只要保持下去，每天那條鍊子就會越來越長。看到那條鍊子你會很喜歡，尤其當你已經持續幾週後。接下來，你唯一的工作就是別讓鍊子斷了。」

這種「鍊子法」（有人這麼稱它）很快地在作家和健身迷間風行——即那些需要持續下苦工才能成功的社群。就本

書的目的而言，它是以具體的例子說明把深度納入生活的方法：節奏式哲學。這種哲學認為，要持續深度工作，最容易的方法是把它們變成簡單而規律的習慣。換句話說，為工作創造節奏，你就不需要花費精力在決定是否或何時要進行深度工作。錬子法是節奏式深度工作時間安排的好例子，因為它結合簡單的時間安排（每天做）和提醒自己的方法（在月曆上打大大的紅色 X）。

另一個執行節奏式哲學的常見方法，是每天在固定時間開始深度工作來取代錬子法的視覺輔助。就像記錄工作進展的視覺標記可以減少開始進入深度的障礙，即使是最簡單的刪去時間安排的決定（例如安排一天開始深度工作的時間），也能降低阻力。

想想我在開始討論這個策略時介紹的忙碌博士候選人夏佩爾的例子，夏佩爾出於必要而採用這種節奏式的深度工作時間安排。在他忙著寫論文的期間，學校有個單位提供他一份全職工作，從職業發展的角度而言，這是個好機會，他也欣然接受；但從學業的角度而言，一份全職工作，加上夏佩爾第一個小孩才出生不久，讓他很難找到寫論文需要的深度時間。

夏佩爾一開始嘗試一種不明確的深度工作法，他訂出原

則：深度工作需要 90 分鐘進入專注狀態，只要他一有空檔，就臨時把深度工作安插進去。然而，這種方法未能帶來多少成果。夏佩爾一年前參加論文寫作訓練營時，在一週嚴格的深度工作期間寫出完整的一章論文，但開始全職工作後，他在一年期間只多寫完一章。

這一年緩慢的寫作進展，驅使夏佩爾轉而擁抱節奏法，他再訂立一條規定：每天早上 5 點半一起床就開始工作到 7 點半，然後準備早餐和上班。上班前就完成一天必須寫的論文分量，初期的進步讓他很滿意，於是他很快就把起床時間提早到 4 點 45 分，以便擠出更多清晨的深度時間。

我為本書訪問夏佩爾時，他形容這種節奏式的深度工作時間安排「超級有生產力，而且沒有罪惡感」。他固定每天寫四到五頁，達成每兩週到三週就完成一章論文草稿的速度，這對擁有一份朝九晚五工作的人來說是驚人的產量。「誰說我不能這麼多產？」他做結論說：「為什麼我不能？」

節奏式哲學提供了一個與雙模式哲學有趣的對照，或許這種方法無法在一天的專注時段達到雙模式者想要的最高層次的深度思考，但其優點是更順應人性的現實。節奏式的時間安排，藉由堅持不懈的作息支持深度工作，確保有規律地達成少量成果，一年下來，往往足以累積成可觀的深度時間。

要採用節奏式或雙模式，取決於你在安排時程這類事務上的自制力。如果你是榮格，並且在知識界與佛洛伊德陷入混戰，你可能很清楚地知道，找到專注時間對你的思考很重要。另一方面，如果你正在寫博士論文，也沒有人逼你完成，那麼節奏式哲學的習慣性，可能是維持進度所不可或缺的。

不過，對許多深度工作者來說，讓他們傾向節奏式哲學的原因不只是因為自制力；有些工作不容許你在投入深度工作時一連消失好幾天，這也是考量的重點。對許多上司來說，這個尺度是，你要多專注都可以，只要你仍能很迅速回覆上司的電子郵件。這可能是節奏式哲學在典型的辦公室中最常被採用的原因。

方法 4：記者式的深度工作時間安排

1980 年代，30 多歲的新聞記者艾薩克森（Walter Isaacson）正從《時代》（*Time*）雜誌的同輩中快速竄紅，當時的他無疑已是思想界受到矚目的人物，例如，希鈞斯（Christopher Hitchens）在《倫敦書評》（*London Review of Books*）的文章，稱他為「美國最佳雜誌記者」。那也是艾薩克森開始寫大書的大好時機——記者攀登成就階梯不可或缺的一步。因此，艾薩克森選了一個複雜的題目，與《時代》的年輕編輯同事湯瑪斯（Evan Thomas）合作，

寫出一本 864 頁的煌煌鉅著，以交織的敘事傳記體訴說六個在早期冷戰政策中扮演要角的人物故事，書名是《美國世紀締造者》（*The Wise Men*）。

這本出版於 1986 年的書受到部分人的好評，《紐約時報》稱許它為「詳盡的歷史紀錄」，《舊金山紀事報》讚美兩位年輕作者「有冷戰的普魯塔克（Plutarch，羅馬時代的希臘作家）之風」。不到十年後，艾薩克森達到他記者生涯的顛峰——被任命為《時代》的編輯，緊接著又出任一家智庫的執行長，並寫了數本極暢銷的人物傳記，包括《愛因斯坦》（*Einsein*）、《班傑明·富蘭克林》（*Benjamin Franklin*）和《賈伯斯傳》（*Steve Jobs*）。

不過，我對艾薩克森感興趣的不是他寫第一本書的成就，而是他如何寫出來的。在發掘這個故事時，我必須運用一個幸運得來的個人關係。在《美國世紀締造者》出版前幾年，我叔叔約翰·保羅·紐波特（John Paul Newport）正好在紐約當記者，與艾薩克森共用一棟出租的夏季海灘小屋，直到今日，他還記得艾薩克森令人印象深刻的工作習慣：

> 那一直很讓人嘖嘖稱奇……他可以安靜地待在臥房好久，專心寫他的書，我們其他人則在露台上乘涼或做別的事……他會上樓二十分鐘或一小時，我們

會聽到敲打字機的聲音，然後他下樓來跟大家一起放鬆……工作似乎從來不是他的負擔，他一有空閒就會快樂地上樓去工作。

艾薩克森遵循一套方法：任何時候，只要他能找到空檔，就會切換到深度工作模式，投入寫書。這就是他能寫出一本近 900 頁的鉅著，同時花一天大部分時間當美國最佳雜誌記者的祕訣。

這種在任何地點都能安排時間適應深度工作的方法，我稱之為記者式哲學。這個名稱是肯定像艾薩克森這樣的新聞記者，受過良好訓練，能在極短時間內切換到寫作模式，滿足有截稿時間壓力的職業的要求。

這種方法並不適合深度工作新手。正如我在這個原則開頭說的，把心智從淺薄快速切換到深度模式的能力並非與生俱來，若未經練習，這種切換可能嚴重耗損你有限的意志力儲備量。這種習慣也需要你對自己的能力充滿信心，堅信你做的事很重要，而且一定會成功。這種信念通常建立在既有的職業成就上，例如，艾薩克森切換到寫作模式會比一個新手作家快，因為艾薩克森這時候已憑藉辛勤工作，成為備受尊敬的作家。他知道自己有能力寫一本史詩般的傳記，也了解這是他職涯進程中重要的工作，這種信心始終激勵著他。

我偏愛記者式的深度工作哲學，這是我把深度納入作息的主要方法。換句話說，我的深度工作方法並非修道院式的（雖然我偶爾發現自己很羨慕同僚——電腦科學家高德納毫無歉意的斷絕連線），也不像雙模式者採用多重的深度工作時段，而且，雖然我對節奏式哲學感到很好奇，但我的作息卻與建立每天固定的習慣格格不入。就像艾薩克森，我順其自然地面對每一週，盡我所能擠出最多的深度工作時間。

　　例如，在寫本書時，我必須利用任何剛好有空閒的時段。如果我的小孩午覺睡得很熟，我會拿起筆記型電腦，把自己關進家裡的工作室。如果我的妻子想在週末回安納波利斯探望父母，我會趁著有人幫忙照顧孩子，躲到他們家安靜的角落寫作。如果辦公室的會議被取消或下午有空檔，我可能會退到校園中我最喜歡的圖書館，多寫個數百字。

　　我得承認，我採用的記者式哲學並不純粹。我所有的深度工作並非都是臨時決定的，通常我會在一週開始時計劃好深度工作的時間，然後在每天開始時調整這些決定（參考本書最後的原則四，以更詳細了解我的例行時間安排）。透過減少臨時的決定，我可以保留更多精力在深度思考上。

　　總結而言，記者式的深度工作時間安排實施起來仍然不容易，但如果你對自己嘗試創造的價值深具信心，並且能落

實進入深度狀態的技巧（我會在後面的策略深入討論這種技巧），它很可能是令人驚奇的可靠方法，讓你得以從原本很緊湊的時間表中，擠出大量的深度時間。

策略 2 ——建立深度工作的儀式

關於以心智創造價值的人，有一個常被忽略的事實是，他們很少隨意改變自己的工作習慣。以得過普立茲獎的傳記作家卡羅（Robert Caro）為例，一篇 2009 年刊登的雜誌側寫說：「卡羅的紐約辦公室每一吋地方都有規矩。」他放書的位置、堆疊筆記本的方式、牆上擺設的東西，甚至他穿什麼衣服到辦公室，一切都按照一套既定的習慣，而且在卡羅漫長的生涯中很少改變。「我訓練自己變得有條有理。」他解釋說。

達爾文（Charles Darwin）在完成《物種起源》（*On the Origin of Species*）的時期，對他的工作生活有一套類似的嚴格規矩。他的兒子法蘭西斯日後回憶道，他在上午 7 點起床，短暫散步之後，獨自吃早餐，8 點到 9 點半之間待在自己的書房。接下來一小時他會閱讀前一天的信件，10 點半到中午的時間又留在書房。這段時間之後，他會一面沉思

艱深的觀念，一面沿著一條不准他人打擾的路線，從他的溫室繞行家園一圈。他會漫步直到對自己的思考滿意，然後宣告一天的工作結束。

新聞記者柯瑞花五年時間記錄著名思想家和作家的習慣（所以我才知道前面舉的兩個例子），並為這種系統化的傾向做出如下的總結：

> 一般人的觀念是，藝術家憑靈感工作──靈光閃現或憑空冒出的創意奇想……但我希望，我的研究能釐清等待被靈感擊中是一種糟糕透頂的計畫。事實上，我對任何想從事創意工作的人能提供的最好建議是，不要去想靈感。

在討論這個主題的《紐約時報》專欄中，布魯克斯（David Brooks）更直接總結這個事實：「（偉大的創意）思考有如藝術家，但工作有如會計師。」

───────

這個策略建議的方法是：想從你的深度工作時間獲得最大成果，先建立與前面提到的大思想家一樣嚴格且性質相同的儀式。這種模仿有很好的理由，傑出的心智，如卡羅和達

爾文，他們採用儀式並不是為了標新立異，而是因為他們的成功，取決於進入深度狀態的能力；如果不把大腦推向極限，就不可能贏得普立茲獎或構思出一套偉大的理論。他們的儀式能減少進入深度狀態的阻力，讓他們更容易進入並留在這種狀態更久。如果等待被靈感擊中才準備去做嚴肅的工作，他們的成就很可能大為減損。

深度工作的儀式沒有明確的定義，是否適合，取決於個人和工作的類型。但任何有效的儀式都必須解決一些常見的問題：

你在何處工作、工作多久？

你的儀式必須指定一個讓你進行深度工作的地點，這個地點可能很單純，例如你平時的辦公室，把門關上，並整理好桌子。我有一位同事在處理難題時，喜歡在辦公室門口掛上像旅館用的「請勿打擾」標語。如果可以指定專用於深度工作的地點，例如一間會議室或安靜的圖書館，效果會更好。如果你在開放式辦公室工作，這個專用於深度工作的地點將特別有必要。不管你在哪裡工作，都需要確定具體的工作時段，以避免不確定的阻力。

一旦開始工作，你怎麼做？

你的儀式需要規範和程序，才能讓你的努力有架構。例如，你可能會規定禁止使用網際網路，或設定每 20 分鐘寫作的字數，以保持高度專注。如果缺少這種架構，你的心思就必須反覆思考這個時段應該或不應該做什麼，並且不斷評估自己是否夠努力，這些都會不必要地消耗你的意志力儲備量。

你如何支持深度工作？

你的儀式必須確保你的大腦獲得必要的支持，以維持高水準的運作。例如，儀式可能是規定你從喝杯好咖啡開始，或是確定你有合適的食物以維持精力，或者納入散步等緩和的運動以保持頭腦清晰。（正如尼采〔 Nietzsche 〕說的：「只有從散步獲得的思想才有價值。」）這種支持可能也包括外在因素，例如，組織你工作的素材，把消耗精力的阻力降到最小（就像我們從卡羅的例子看到的）。為了讓你的成功最大化，你必須支持你進入深度的努力。另一方面，這種支持必須系統化，這樣你就不必浪費心力臨時思考你的需要。

這些問題可以協助你著手擬定你的深度工作儀式，但要記得，尋找可以持續不墜的儀式可能需要實驗，所以你得願

意多嘗試。我可以保證這種努力很值得，一旦你發展出適合的儀式，效果會很顯著。深度工作是一件大事，不能等閒視之。以複雜的儀式展開深度工作，在外人看來可能很奇怪，但這意味著你接受這個事實——提供你的心智需要的架構和承諾，進入你可以開始創造價值的專注狀態。

策略 3 ──大動作投入深度工作

2007 年冬初，羅琳正趕著完成哈利波特系列完結篇《哈利波特 7：死神的聖物》（*Harry Potter and the Deathly Hallows*），當時她壓力極大，因為這本書背負著重責大任，它必須整合前六集，以滿足數億書迷。羅琳必須深度工作才能達成這些要求。但她發現，在她位於蘇格蘭愛丁堡家中的辦公室，越來越難達到不被打斷的專注。「我在寫《死神的聖物》時，有一天，擦窗子的工人來工作，孩子們在家，狗狗狂吠。」羅琳在訪問中回憶道。

這太超過了，羅琳決定採取行動，以達到她需要的心智狀態。她住進位於愛丁堡鬧區的五星級巴爾莫勒爾飯店套房。「這是一棟很美的旅館，但我並不打算一直待在這。」她解釋說：「但第一天的寫作是如此順利，所以我不斷往返

兩邊……最後我在那裡完成哈利波特系列最後一集。」

回想起來，羅琳最後住進巴爾莫勒爾飯店並不令人意外，那裡的環境對她的計畫而言可說是完美的。巴爾莫勒爾飯店是蘇格蘭最豪華的旅館之一，經典的維多利亞式建築，有著石雕裝飾和一座高鐘塔，而且它距離愛丁堡城堡——羅琳想像霍格華茲的靈感來源之一——只有兩個街區。

羅琳決定住進靠近愛丁堡城堡的豪華旅館套房，是深度工作世界中一個奇特、但有效的策略——大動作。這個概念很簡單，藉由激進地改變你平常的環境，加上大手筆投資金錢或精力，全用來支持一項深度工作任務，讓你得以提高這項任務的重要感。這種重要感會降低你拖延的本能，提振你的動機和能量。

例如，寫一章哈利波特小說很辛苦，不管你在哪裡做這件事，都需要大量的心智能量。但是，當你一天支付 1,000 美元，在一家距離霍格華茲式城堡不遠的老飯店套房寫它時，要你鼓起能量開始並持續這個工作，會比你在紛擾的家中辦公室來得容易。

如果研究其他知名的深度工作者，經常可以發現這個大動作策略。例如，蓋茲擔任微軟執行長時，他的沉思週很有

名，在沉思週期間，他會拋下正常的工作和家庭義務，帶著一疊報紙和書籍退隱到一棟小木屋。他的目標是心無旁騖地深度思考公司的大問題。例如，他在一次沉思週達成一項出了名的結論：認為網際網路將成為產業的一股大勢力。沒有任何有形的因素會阻止蓋茲在微軟西雅圖總部的辦公室做深度思考，但請一週退隱假的新鮮感，幫助他達成想要的專注水準。

麻省理工學院物理學家兼得獎小說家賴特曼（Alan Lightman）也善用大動作。在他的例子裡，他每年夏季會退隱到緬因州的一座小島，進行深度思考和充電。他在訪問中描述這個大動作說，至少直到 2000 年前，這座島不但沒有網際網路，甚至連電話服務都付之闕如。他解釋自己的做法：「那是足足約兩個半月的時間，讓我得以感覺到自己能重獲生活中的一些安靜……因為安靜已變得如此難得。」

不是每個人都能自由地在緬因州打發兩個月，但許多作家藉由在他們的土地上蓋寫作小屋 —— 通常得花不少金錢和精力 —— 以便不分季節都能模擬類似的體驗，其中包括品克（Dan Pink）和波倫（Michael Pollan；他甚至寫了一本書，談他在康乃狄克州舊居後的樹林蓋小屋的經驗）。對這些作家來說，小屋並非必要的，他們只要有一部筆記型電腦和平坦的表面放電腦就能幹活。小屋的價值並不在於其舒適性，

而是它所代表的大動作——為了寫出更好的作品而興建。

　　大動作並不一定要蓋房子。在競爭近乎病態的貝爾實驗室（Bell Labs），物理學家蕭克利（William Shockley）發明電晶體的進度被超前時（當時他在別的地方忙著研究另一項計畫，他的團隊另外兩名成員做出重大突破，我會在下一個策略介紹這兩人），他把自己鎖在芝加哥一個旅館房間裡，假裝出差參加一場會議，直到他腦子裡苦思的設計細部成形前，他一步也未踏出房間。等到終於離開房間，他把筆記以航空郵件寄回紐澤西州墨瑞山，請同事將它貼進他的實驗筆記本，簽名並加上發明的時間戳記。蕭克利沉浸於深度思考期間所研發的電晶體接面形式，最後為他贏得諾貝爾獎。

　　只靠一次的大動作就獲得重大成果，另一個更極端的例子，是創業家兼社群媒體先驅謝克曼（Peter Shankman）。身為受歡迎的演講人，謝克曼花很多時間在飛行上，他最後發現，三萬呎高空是他專注的理想環境。他在一篇部落格文章中解釋：「綁在座位上，前面一片空白，沒有東西讓我分心，沒有東西觸發我大驚小怪的 DNA，我沒別的事幹，只能深入我的思考。」在這之後，有一次，謝克曼簽了一本書的合約，只給他兩週的時間完成全部草稿。趕上截稿時間需要不可思議的專注，為了進入這種狀態，謝克曼做了一件不尋常的事：他訂了一趟東京來回的商務艙機票。他在飛往日本

的航程中寫作，到達日本後，在商務艙候機室喝一杯濃縮咖啡，然後飛回來，同樣一路上寫作。抵達美國時，離他出發只有短短 30 小時，但他手上帶著完成的草稿。「這趟來回 4,000 美元的機票真的值回票價。」他解釋道。

在所有例子中，達成深度工作，不只是因為改變環境或找到安靜的地點，最主要的力量，是來自認真投入任務的心理。讓自己置身奇特的地點以專注在寫作計畫，或是跟公司請假一週，只思考重大事情，或者把自己鎖在旅館房間裡，直到完成一項重大發明；這些大動作把你的深度工作目標推向心智的優先地位，釋放必要的心智資源。你的大動作，可以讓你進入深度狀態。

策略 4 ──別獨自工作

深度工作與協作的關係很錯綜複雜，不過，這個關係很值得花時間釐清，因為妥善利用協作，可以增進你深度工作的品質。

在開始討論這個主題前，最好先退一步思考一個乍看似乎無法解決的衝突，我在本書第一篇批評臉書新總部的

設計，特別指出該公司的目的是創造世界最大的開放式辦公室，一個據說可以容納 28,000 名員工的超大房間，是對專注的荒謬打擊。從直覺判斷和越來越多研究發現，與一大群同事共用一個工作空間會令人極度分心，製造出阻礙嚴肅思考的環境。2013 年《彭博商業周刊》（*Bloomberg Businessweek*）一篇文章總結近來對這個主題的研究，甚至呼籲終結「開放式辦公室暴政」。

然而，這些擁抱開放式辦公室的做法並非出於偶然。正如《紐約客》記者柯妮可娃（Maria Konnikova）的報導，當這個概念首次出現時，其目的是促進溝通和創意流動。這種說法與美國企業界追求異於傳統的創新氣氛相呼應，例如，《彭博商業周刊》編輯泰爾吉爾（Josh Tyrangiel）為彭博總部沒有辦公室隔間解釋說：「開放計畫很壯觀，它確保每個人融入廣義的任務，鼓勵人對不同的工作領域好奇。」多西為 Square 總部的開放設計辯護說：「我們鼓勵人們保持開放，因為我們相信偶然——走過身邊的人可以互相教導新事物。」

為了方便討論，讓我們稱這個原則為「偶然創意理論」，鼓勵人們彼此碰撞，激發協作和創意。當祖克柏決定興建世界最大的辦公室，我們可以合理推測，是這個理論促成他的決定，正如它也促成許多矽谷和其他地方的企業擁抱開放工

作空間。（其他較不崇高的因素，例如省錢和方便監督，因為沒那麼動聽，也較少被強調。）

鼓勵專注或鼓勵偶然發現，似乎顯示出深度工作（個人努力）與製造創意（協作努力）彼此不相容。不過，這個結論有瑕疵，我認為，它建立在對偶然創意理論了解不完整的基礎上。為支持這個論點，不妨思考一下我們對「什麼能刺激突破」的了解是源自何處。

偶然創意理論有許多來源，而我正好與其中一個較著名的來源有私人關係。在我攻讀麻省理工學院的七年期間，我在麻省理工學院著名的 20 號大樓的所在位置工作。20 號大樓位在東劍橋區的主街和瓦薩大街交會處，最後在 1998 年遭拆除。最早在二次大戰期間，它是拼湊搭蓋成的一棟臨時建築，以容納麻省理工學院過於擁擠的輻射實驗室。正如《紐約客》2012 年的一篇報導指出，剛開始這棟建築被認為問題叢生：「空氣不流通，走廊陰暗，牆壁很薄，屋頂漏水，夏季整棟建築像烤箱，冬季則酷寒。」

戰爭結束後，科學家持續不斷湧進劍橋，麻省理工學院需要空間，因此未遵守對地方官員的承諾立即拆除 20 號大樓（以交換寬鬆的建築許可），而是繼續使用它。結果是，不同科系混雜共處──從核子科學系、語言學系到電子學系

——同時與其他較不為人知的房客共用那棟低矮的建築，包括一間機器工廠和一家鋼琴修理鋪。由於 20 號大樓低廉的成本建造，這些學系可以任意改裝空間，牆壁和地板都可以更換，設備就栓在棟梁上。前面提到的《紐約客》文章，報導薩卡利亞斯（Jerrold Zacharias）在發明第一座原子鐘時，拆除了他在 20 號大樓實驗室的兩層樓板，以便裝設三層樓高的圓筒供實驗儀器使用。

根據麻省理工學院的傳說，許多人相信，不同學系在因緣際會下匯聚於一棟大型的可改裝建築裡，促成了偶然的相遇並激發快速突破的發明精神。創新的主題繁多，杭士基語法、羅蘭導航雷達和電視遊樂器，都在戰後多產的數十年間誕生。當 20 號大樓終於被拆除，讓位給蓋瑞（Frank Gehry）設計的 3 億美元統計中心（我工作的地方）時，許多人為之神傷。為追念這個「夾板皇宮」，統計中心的室內設計有著多面未修飾的夾板和暴露的水泥，上面還有原封不動的施工標記。

大約在 20 號大樓倉促興建的同時，200 英里外，一股更有系統地追求偶然創意的風潮正在紐澤西州墨瑞山西南地區成形。貝爾實驗室總裁凱利（Mervin Kelly）就是在那裡監督興建貝爾實驗室的新家，目標是鼓勵來自紛雜領域的科學家和工程師交互影響。凱利排斥大學把不同學系設在不同建

築的標準做法，改而把空間設計成連續的結構，以長廊相連，有些長廊長到你站在一端幾乎看不到盡頭。貝爾實驗室的編年史作家蓋納（Jon Gertner）談到這種設計說：「你走過一整條走廊，幾乎不可能不遇見幾個認識的人，談各種問題、不同看法和創意。一位走向自助餐廳去吃午餐的物理學家，就像一塊滾過鐵砂的磁鐵。」

這個策略加上凱利積極招募世界最優秀的人才，創造出現代文明史上最集中的創新成果。在二次大戰結束後的數十年，貝爾實驗室創造出第一顆太陽能電池、雷射、通訊衛星、蜂巢式通訊系統和光纖網絡。此外，貝爾的理論家也提出資訊理論和編碼理論；它的太空人以經驗證明大爆炸理論而贏得諾貝爾獎；還有，可能是其中最重要的，它的物理學家發明了電晶體。

換句話說，似乎有充分的歷史紀錄能夠證明偶然創意理論。我們可以相當有信心地說，電晶體的發明，需要貝爾實驗室把固態物理學家、量子理論學家和世界級的實驗家，放在一棟他們可以偶然相遇的建築裡，從各自不同的專長學習，才可能辦到。這個發明不太可能靠科學家獨自在像榮格的塔屋那樣的學院裡深度思考來完成。

然而，我們必須更精細地分辨差別，才能了解在 20 號

大樓和貝爾實驗室這樣的地方驅動創造力的是什麼。

為了這個目的，讓我們再回頭看我自己在麻省理工學院的經驗。當我 2004 年秋季以博士生的身分來到這裡時，是最早進駐統計中心的班級之一。前面提到，統計中心是取代 20 號大樓的新建築，新進學生會被帶領參觀環境，宣傳它的特色。我們聽說統計中心把辦公室安排在共用空間，並在樓層間設置開放式樓梯井，所有的做法都是為了支持上一輩定義的偶然相遇環境。但我注意到一項特色，當年蓋瑞設計時並未想到，是近來在教職員的堅持下才增添的：在辦公室的門柱上裝設特殊襯墊，以改善隔音。麻省理工學院的教授們──有些是全世界最優秀的科技人員──並不想與開放式辦公室空間有任何關係，他們反而要求可以隔絕自己的設備。

隔音辦公室，連接著開闊的共用空間，形成一種軸輻式的結構，讓偶然相遇和隔絕的深度思考都獲得支持。這種環境跨越光譜，在一個極端，單獨思考者與靈感隔絕，免於分心；而在另一個極端，在開放式辦公室的協作思考者，激盪於各種靈感，但得不到深度思考需要的支持。*

---

* 開放式辦公室的支持者可能宣稱，在需要深度思考時，他們會提供會議室，來達成深度與互動的結合。不過，這種空想低估了深度工作在創新上扮演的角色，創新不是偶然被靈感擊中的結果，而是在最實質的突破上，投入大量的努力。

現在，把注意力轉回 20 號大樓和貝爾實驗室，我們會發現，這也是它們採用的架構。20 號大樓和貝爾實驗室都不具備現代開放式辦公室計畫的特性，而是採用個人辦公室連接共用走廊的設計。這些建築物裡頭的創意泉源，就與這個共用空間有關——強迫研究人員在他們必須從一個地點走到另一個地點時彼此互動。換句話說，這些超級走廊提供了極有效的輪軸。

因此，我們還是可以拒絕會摧毀深度的開放式辦公室，但不是拒絕偶然創意理論。關鍵就在於軸輻式的管理可以同時保持兩者——你可以定期在輪軸接觸到各種創意；同時，你也可以在輪輻深入思考你偶遇的創意。

然而，只是區隔兩種做法還不完整，因為即使回到輪輻，單獨工作仍然不見得是最佳策略。想想前面提到的貝爾實驗室發明電晶體，這項突破有一大群研究人員的支持，每個人都是不同領域的專家，匯聚形成一個固態物理學研究團隊，致力於發明更小、更可靠的新零件，以取代真空管。這個團隊的協作對話是發明電晶體的先決條件，也是輪軸行為有效的明確範例。

當研究團隊確定了思考的基礎，發明程序就轉向輪輻。不過，讓這個發明程序變成一個有趣案例的是，即使

它轉向輪輻，仍然保持協作。特別是兩位研究人員，實驗家布拉頓（Walter Brattain）和量子理論家巴丁（John Bardeen），在 1947 年的一個月期間，做了一連串的突破，直接影響電晶體的發明。

這段期間，布拉頓和巴丁在一間小實驗室合作，通常是並肩工作，以刺激彼此想出更好且更有效的設計。這些努力主要是深度工作，然而是一種我們還沒談到的深度工作。布拉頓專注在擬定實驗設計，以充分運用巴丁的最新理論發現；巴丁則專注在理解布拉頓最新的實驗發現，嘗試擴大他的理論架構，以符合實驗的觀察。這種你來我往，代表一種深度工作的協作形式（在學術圈很常見），充分利用我所稱的「白板效應」。

白板是比喻，與另一個人在共同的白板上合作，可以刺激你進入比單獨工作更深入的思考。如果有另一個人等著你提出新見解——不管是實際在同一個房間，或是虛擬協作——就能阻止你逃避深度的自然本能。

現在我們可以退一步，對這個協作策略做一些實際的結論。20 號大樓和貝爾實驗室的成功顯示，隔絕對高生產力的深度工作而言並非必要條件。這些例證顯示，對許多類型的工作來說，特別是追求創新時，協作式的深度工作能創造更

好的成果。因此，當你考慮要如何以最好的方法把深度工作納入職業生活時，這個策略值得你考慮。不過，在你這麼做時，要記住下列兩個原則：

1. 分心仍然是深度工作的殺手。你必須區分對偶然創意的追求，以及深思並進一步探索這些靈感的努力。你應該分別進行這兩種努力，不能混雜，而阻礙了兩者的目標。

2. 你在進行深度思考時，只要有理由利用白板效應，就儘管這麼做。藉由與他人並肩努力解決一個問題，可以刺激彼此進入更深層的深度，創造出比單獨工作更有價值的成果。

換句話說，在考慮要如何進行深度工作時，在適合的情況下利用協作，可以把你的成果推向新的層次。在此同時，也別過度美化對互動和偶然創意的追求，而排擠了專注，因為要把周遭的創意化為有用的東西，終究需要不間斷的專注。

策略 5 ──像經營企業般執行

這則故事在企業顧問界已蔚為傳奇，1990 年代中期，哈佛商學院教授克里斯汀生（Clayton Christensen）接到英特爾執行長兼董事長葛洛夫（Andy Grove）的電話，葛洛夫聽說了克里斯汀生的破壞性創新研究，邀請他飛到加州討論這項理論對英特爾的影響。克里斯汀生抵達後，概略說明破壞性的基本概念：基礎穩固的公司往往出其不意地被新創公司推翻，因為這些新創公司一開始在低階市場推出低價產品，但逐漸改善產品，最後足以搶走高階市場的占有率。

葛洛夫知道英特爾面對來自像超微（AMD）和新瑞仕（Cyrix）等新創公司製造的低階處理器威脅，在了解破壞性這個新觀念後，葛洛夫擬定新策略，推出賽揚（Celeron）系列處理器──一組低性能產品，協助英特爾成功抵抗來自低階競爭者的挑戰。

不過，這則故事有一段較鮮為人知的插曲，據克里斯汀生回憶，葛洛夫在會議休息時間問他：「我應該怎麼做？」克里斯汀生以企業策略的討論回應，說葛洛夫可以設置一個新事業單位等等。葛洛夫粗魯地打斷他的話說：「你真是天真的學者。我問你應該怎麼做，而你卻告訴我應該做什麼。

我知道我必須做什麼，只是不知道怎麼做。」

克里斯汀生後來解釋，做什麼與怎麼做的區別很重要，但在職業世界卻經常被忽略。該採取什麼策略以達成目標往往很清楚，企業犯錯的是執行這個策略的方法。我偶然在克里斯汀生為《執行力的修練》（The 4 Disciplines of Execution）寫的序言中看到這則故事，這本書以廣泛的諮詢案例，說明協助企業成功執行高階策略的四個紀律。當中使我感到興趣的是，「什麼」與「怎麼」的差別，這和我對深度工作的追求息息相關。就像葛洛夫已經知道在低階處理器市場競爭很重要，我也知道把深度工作列為優先目標的重要性；我需要的協助是，我要怎麼執行這個策略。

這種類比激起我的興趣，於是，我開始在個人工作習慣上採用《執行力的修練》介紹的四個紀律，最後達成的效果讓我很驚奇。這些方法可能是專為大企業打造，但根本概念適用於任何必須達成重要目標、卻被許多義務和雜事絆住的情況。下面，我將摘錄這四個紀律，並說明我是怎麼應用在建立深度工作的習慣上。

紀律 1：專注在最重要的事情

正如《執行力的修練》所述：「當你嘗試做越多，實際

完成的就越少。」書中說明執行應該針對少數的「重要目標」，這種簡單性將協助企業組織集中足夠強度的資源，以達成具體的成果。

對專注於深度工作的個人來說，它的意義是，你應該確立少數幾個你要追求的遠大成果，投入深度工作的時間。籠統地規勸花更多時間在深度工作上，並不會激起多少熱情；一個可達成且具體的重大職業利益，反而能夠創造源源不絕的熱情。

2014 年一篇標題為〈專注的藝術〉的專欄中，布魯克斯為這個讓遠大目標驅策專注行為的方法背書：「如果你想贏得專注力的戰爭，別嘗試對你在資訊萬花筒中發現的瑣碎分心事物說『不』，而要嘗試對能激起熱切渴望的東西說『是』，讓熱切的渴望排擠掉其餘的一切。」

例如，我剛開始實驗這四個紀律時，我設定的具體重要目標是在下一個學年發表五篇高品質、常被引用的論文。這個目標很遠大，因為比我以前發表的論文數量還多，而且附帶了具體的報償（距離終身職審查已近），這兩個特性結合起來，讓這個目標點燃我的動機。

紀律 2：根據領先指標行動

一旦確認重要目標後，你就必須度量你的成功，在《執行力的修練》中，有兩種標準用來度量成功：「落後指標」和「領先指標」。

落後指標代表你最終想改善的事物，例如，你的目標是增進你的麵包店的顧客滿意度，落後指標就是你的顧客滿意度分數。正如書中的解釋，落後指標的問題是，它們來不及改變你的行為，等你得到落後指標時，驅動指標的表現已經是過去式。

另一方面，領先指標是在落後指標的基準上，衡量驅動成功的新行為。以麵包店的例子來說，良好的領先指標可能是獲得免費試吃品的顧客數，這個數字能藉由贈送更多試吃品而增加。隨著你增加這個數字，落後指標最後也可能改善。

對追求深度工作的個人來說，確認領先指標很容易，也就是你花在重要目標的深度工作時間。回到我的例子，了解領先指標，對我的學術研究有很重要的影響。以前我只注意落後指標，例如每年發表的論文數量，不過，這個指標無法影響我每天的行為，因為我無法在短期內立即明顯地改變這個長期指標。當我改變為追蹤深度工作的時數後，這些指標

開始與我每日的行為有關：每增加一小時的深度工作，就會立即反映在我的紀錄中。

紀律 3：設置醒目的計分板

「當我們記錄分數，表現就會不一樣。」書中進一步解釋，嘗試推動團隊努力邁向組織的重要目標時，必須公開記錄並追蹤團隊成員的領先指標。計分板可以製造競爭感，促使團隊成員專注於指標。它也是強化動機的方法之一，一旦團隊注意到他們在領先指標上的成功，就會持續不斷投資在這項績效上。

對追求深度工作的個人來說，領先指標是所花的時數。因此，你的計分板應該是工作場所的一面實體物品，顯示你目前的深度工作時數。

剛開始時，我採用一種簡單、但有效的方法來執行計分工作。我在一張厚紙上畫出數行，各代表學期的每一週，然後標上每週的日期，就貼在我電腦螢幕旁的牆上，讓我不可能忽視。我每週記錄花在深度工時的時數。為了讓計分板的激勵效果最大化，每當我達到學術論文的重要里程碑，例如解決一項關鍵的證明，我會把當週的時數圈起來。*這有兩個目的，第一，它讓我感受到累計的深度工作時數與具體的

成果。第二，它協助我調整自己對達成單位成果需要多少深度工作時數的期待。這個實際數字（比我原本假設的還高）有助於刺激我每週擠出更多的深度工作時間。

紀律 4：定期檢討成效

《執行力的修練》繼續細述，有助於保持專注在領先指標的最後一步是，有重大目標的團隊必須定期且頻繁地開會。在會議中，團隊成員必須面對他們的計分板，承諾在下次會議前以具體行動改善分數，並說明上次會議的承諾結果如何。書中指出，這種檢討可濃縮到只花幾分鐘，但必須定期進行才能發揮作用，這個紀律是讓執行真正發揮作用的關鍵。

對致力於培養深度工作習慣的個人來說，可能沒有團隊需要開會，但不表示你不需要定期檢討成效。我建議養成每週檢討的習慣，並事先計劃好一週的工作（參考本書最後的原則四）。實驗期間，我每週檢討、回顧計分板、獎勵表現突出的時候，這也協助我了解表現不佳的原因何在，最重要的是，思考如何確保未來會有好表現。這能引導我調整時間

---

* 你可以在線上看到我的時數計算，網址為 http://calnewport.com/blog/2014/03/23/deep-habits-should-you-track-hours-or-milestones/。

表，以符合領先指標的需要。透過這樣的檢討，我可以做更多的深度工作。

———

《執行力的修練》的假設是，執行比擬定策略困難。經過數千個案例研究，研究者終於分離出幾項似乎對解決這個難題特別有效的四個紀律。因此，這些方法如果對你培養深度工作習慣的個人目標也有類似的效果，應該也在意料之中。

最後，讓我們再一次回到我自己的例子，正如前面提到，我剛開始實驗這四個紀律時，是以 2013 ～ 2014 學年發表五篇高品質、常被引用的論文為目標。這是個野心勃勃的目標，因為前一年我只發表了四篇（我引以為傲的紀錄）。在整個實驗期間，明確的目標，加上簡單、但無法逃避的領先指標計分板回饋，我達到前所未有的深度水準。

回想起來，原因不是我深度工作時間的密集度增加，而是它們的規律性。過去，我深度思考的時間都集中在接近提出論文的期限，但這四個紀律讓我一整年都保持專注。我必須承認，那是很累人的一年（我還同時在寫這本書），但它帶來的成果卻也是對這套方法的強力背書：截至 2014 年夏季，我已有九篇論文通過發表的審核，是我過去任何一年發

表數量的兩倍多。

策略 6 ──要懶惰

2012 年《紐約時報》部落格的一篇文章，小說家兼漫畫家克里德（Tim Kreider）有一段令人難忘的自述：「我不忙碌，我是我認識的人中最懶惰、卻很有企圖心的人。」不過，克里德對忙碌工作的厭惡，在他貼出這篇文章的前幾個月曾面臨考驗，他描述那段期間：「因為職業上的義務，我不知不覺變得忙碌起來……每天早上我的收件匣滿是電子郵件，要我做我不想做的事，或提出我必須解決的問題。」

他有什麼對策？他逃到一個他所謂的「不公布的地點」──一個沒有電視、沒有網際網路的地方（上網要騎腳踏車到當地的圖書館），在那裡，他可以繼續不回應那些小義務如針扎般的攻擊。那些小義務單獨看起來似乎無害，但累積起來卻嚴重傷害他的深度工作習慣。「我還記得金鳳花、茶翅椿和星星。」克里德談到他隱退的日子：「我閱讀。而且，好多個月來，我終於第一次寫出一些像樣的東西。」

就本書的目的來說，我們必須認清，克里德並非梭羅

（Thoreau），他從忙碌的世界隱退並非為了凸顯複雜的社會批判。他搬到不公開地點的動機是出於一種令人驚訝、但務實的領悟——那讓他能把工作做得更好。以下是克里德的解釋：

> 懶惰並非度假、放縱或罪惡，它對大腦不可或缺，就像維他命 D 對身體一樣，缺少它將使我們的心智生病，像是造成缺陷或佝僂病……聽起來似乎矛盾，但懶惰是把工作做好所必需的。

當然，當克里德談到把工作做好，他指的不是淺薄工作。在大多數情況下，你花越多時間在淺薄工作，你就能完成越多的淺薄工作。然而，克里德關心的是深度工作——創造這個世界認為有價值東西的嚴肅努力。他相信，這些努力需要心智定期得到釋放和休閒的支持。

這個策略的看法是，你應該效法克里德，定期在你的職業生活中安排充足的休閒時間，免於工作壓力，以便把（深度）工作做好（雖然這聽起來有點矛盾）。有許多方法可以達成這個目的，例如，你可以採用克里德從淺薄工作世界完全退隱的方法，躲到一個「不公布的地點」，但這對多數人來說並不實際。

我建議的是一種較可行、但仍然很有效的做法：在工作日結束時，停止思考工作上的問題，不再檢查電子郵件、不在心裡重播討論，也不籌劃你將如何處理即將面臨的挑戰，一直到第二天早上。如果你需要更多時間，那就延長工作日的時間；一旦結束，你就必須清空心思，留給克里德的金鳳花、茶翅椿和星星。

在提出支持這個策略的技巧前，我想先探討為什麼停止思考，能提升你創造出高價值成果的能力。當然，我們已經有克里德的個人背書，但背後的科學也值得我們花時間了解。深入探究這方面的文獻後，我發現有三個可能的解釋：

理由 1：停止思考有助於領悟

思考以下摘錄自 2006 年《科學》（*Science*）期刊的一篇論文：

> 數百年來，科學文獻強調在做決定時，有意識思考的益處……此處想探討的問題是，這個觀點是否理由充分。我們的假說是，它並不充分。

這段溫和的論述，字裡行間隱藏著一個大膽的觀點。這項由荷蘭心理學家狄克斯特霍伊斯（Ap Dijksterhuis）主持

的研究想證明，有些決策最好留給你的無意識心智來做。換句話說，與其積極地做這些決定，不如在吸收相關的資訊後，就放下、去做其他事；讓心智的潛意識層來領會，得到的結果會更好。

狄克斯特霍伊斯的團隊證明這種效應的方法是，給實驗對象必要的資訊，以做出購買汽車的複雜決定。半數對象被告知要徹底思考這些資訊，做出最佳決定；另一半在閱讀過資訊後，接著做不相干的簡單謎題，然後在沒有時間思考的情況下被帶到做決定的地點。結果第二組的表現比較好。

類似實驗的觀察結果，促使狄克斯特霍伊斯和同事提出「無意識思考理論」，嘗試了解意識和無意識心智在做決定時扮演的角色。這套理論認為，做出需要應用到嚴格規則的決定，必須用到意識，例如，在做數學計算時，只有你的意識心智才能遵循精確的數學規則，以確保正確性。另一方面，面對牽涉大量資訊和多重模糊、甚至彼此衝突的條件，你的無意識心智很適合解決這個問題。無意識思考理論的假說是，因為大腦的這部分有更多可以派上用場的神經頻寬，能處理更多資訊並過濾潛在的解決方法，勝過意識中心的思考。

根據這套理論，你的意識心智就像一部家用電腦，你可以執行細心設計的程式，針對有限度的問題得出正確答案；

而你的無意識心智就像 Google 龐大的資料中心，由統計運算法過濾以兆位元組計的零亂資訊，能針對艱鉅的問題找到出人意料的有用解答。

這項研究的意義是，給你的意識大腦休息的時間，能讓你的無意識輪班，整理你最複雜的職業難題。因此，停止思考的習慣，不見得會減少你從事生產性工作的時間，而是增加工作的類型。

理由 2：停止思考有助於補充深度工作需要的能量

有一篇 2008 年發表在《心理科學》（*Psychological Science*）期刊的論文經常被引用，內容是一個簡單的實驗。實驗對象被分成兩組，一組被要求在研究地點密西根大學安娜堡分校校園附近的植物園木棧道散步；另一組被安排走路穿過安娜堡熱鬧的市中心。接著，兩組都接受一項需要專注的「逆向記憶廣度」測驗。這項研究的主要發現是，大自然組的表現比另一組好 20％。當研究人員隔一週讓同樣的實驗對象調換地點，再做一次測驗時，大自然組的表現仍然較好。也就是說，決定表現好壞的不是人，而是他們有沒有機會先在樹林裡散步。

這項研究其實是證明「注意力恢復理論」的許多研究之

一，該理論認為，花一點時間置身大自然，可以改善你的專注力。注意力恢復理論在 1980 年代首度由密西根大學心理學家瑞秋‧卡普蘭（Rachel Kaplan）和史蒂芬‧卡普蘭（Stephen Kaplan）提出（後者也是前述論文共同作者之一，另外兩名是柏曼〔Marc Berman〕和尤尼德斯〔John Jonides〕），理論的根據就是注意力疲乏的概念。注意力恢復理論指出，集中注意力需要「導向性注意力」，這種資源有限，如果你耗盡它，你就難以專注。就本書來說，我們認為這種資源和前面討論過鮑梅斯特的有限意志力儲備量是一樣的東西。*

這項研究說，走在忙碌的城市街道，需要你使用導向性注意力，因為你必須處理許多複雜的事情，像是考慮如何穿過街道而不被撞到，或何時繞過一群速度緩慢、擋住人行道的觀光客。只要走個 15 分鐘，實驗對象的導向性注意力就已耗損不少。

對照之下，走在大自然中，在夕照下，你置身在論文的領銜作者柏曼所稱的「天然神奇刺激」下，這些刺激引起的注意力很少，專注機制可以獲得補充的機會。換句話說，在

---

* 文獻中，對於儲備量的多寡有一些爭論，不過，就我們的目的來說，這不重要。重點在於，注意力的資源有限，必須善加儲備。

大自然中，你不需要導引你的注意力，因為移動時很少碰上阻礙（不像擁擠的十字路口），並且有足夠的有趣刺激占據你的心思，這種狀態能給你的導向性注意力補充的時間。經過 30 分鐘的補充後，實驗對象的注意力大幅提升。

當然，你或許會說，在戶外欣賞夕照可以讓人心情變好，而好心情就是幫助實驗對象在測驗中有好表現的原因。不過，研究人員藉由在安娜堡不同的季節重複這項實驗，推翻了這個假說。在酷寒的冬季走在戶外並未讓實驗對象心情變好，但他們的注意力測驗仍然表現較好。

對本書的目的來說，注意力恢復理論不只限於大自然帶來的好處，這個理論的核心機制是，如果你暫停使用導向性注意力，就可以恢復這種能力。走在大自然可以讓我們的心智休息，其他放鬆的活動也能辦到，只要這些活動也能提供類似的神奇刺激。與朋友閒談、和孩子玩遊戲、邊煮晚餐邊聽音樂、出去跑步，在你工作結束後的晚上用來打發時間的各種活動，都具有與走在大自然一樣的注意力恢復效果。

另一方面，如果你一直打斷晚上的休息時間，檢查並回覆電子郵件，或是在晚餐後撥幾個小時趕截稿時間，你就剝奪了導向性注意力需要的不中斷的休息時間。即使這類短暫的工作只花很短的時間，也會讓你無法達到恢復注意力需要

的深層放鬆。唯有當你深信今天的工作已經做完，才能說服你的大腦切換到開始為明日充電的放鬆狀態。換句話說，嘗試從晚上再擠出一點時間工作，會降低你明日的效率，你完成的工作可能會比你嚴守的休息時間還少。

理由 3：晚上少做的工作通常沒那麼重要

保持工作日結束的明確界線，最後一個理由，我們必須回頭談艾瑞克森率先提出的刻意練習理論。你可能還記得，第一篇談到，刻意練習是以有系統的方式加強特定技術，是專精一件事必需的活動。我已經說明，深度工作和刻意練習有很多重疊之處，就此處的討論而言，我們可以把刻意練習視為高認知需求工作的代表。

艾瑞克森 1993 年針對這個主題討論的題目是〈刻意練習在追求專家表現時所扮演的角色〉，他特別以一節的篇幅說明，研究發現個人從事高認知需求工作的時間長短。艾瑞克森指出，對新手來說，每天約一小時的高度專注似乎是極限，但對專家來說，這個數字可以提高到四小時——但很少能超過。

例如，一項研究記錄一群優秀的小提琴演奏家在柏林藝術大學受訓的練習習慣。研究發現，這些優秀的演奏家平均

每天有三個半小時處於刻意練習狀態，通常分成兩個不同時段。成就較小的演奏家花在深度狀態的時間則較少。

這些結果的意義是，你在一定時間內的深度工作量是有限的。如果你審慎安排時間（可以利用原則四介紹的策略，排除淺薄事務），應該會在工作日達到深度工作的每日最高量。因此，到了晚上，你已經達到能繼續有效深度工作的極限；任何你排進晚上的工作，都不會是對你的職涯進步真正有用的高價值活動，你的努力很可能只是低價值的淺薄工作。換句話說，推延晚上的工作，你也不會耽誤太多重要的事。

———

上述三個理由支持嚴格遵守工作日結束時間的策略。讓我們以執行的細節作為結論。

要想成功運用這個策略，你必須先承諾，一旦你的工作日結束，就不能讓一點點職業的憂慮侵入你的注意力領域。包括檢查電子郵件、瀏覽與工作有關的網站，這很重要。就這兩種情況來說，即使只是短暫的侵入，也會造成不斷強化的分心，阻礙休息的好處。例如，大多數人都熟悉的經驗是，在週六早上看到一則令人擔憂的電子郵件，結果整個週末腦子裡都一直想著這件事，揮之不去。

另一個成功執行這項策略的重要承諾是，在工作日結束時，以嚴格的儀式支持你的承諾。具體來說，這個儀式應該要確保每一件未完成的工作、目標或專案都經過檢視，即經過你的確認：你已經有計畫，相信能完成它；或者，你已經把它存放在某個地方，會在適當的時機拿出來做。

儀式的程序應該像是一套運算法，有一連串你總是這麼做的步驟，一步接著一步；當你完成時，會有一個固定的詞句用來表示完成。例如，在結束儀式時，我會說：「關機完成。」這個最後步驟聽起來沒什麼，但它提供了一個簡單的暗示給你的心智——在一天剩下的時間放下與工作有關的念頭很安全。

為了讓這個建議更具體，讓我們走一遍我的關機儀式。我大約是在寫博士論文時擬定這套儀式，並以不同形式運用到今日。我做的第一件事是看收件匣最後一眼，確認在今天結束前沒有必須緊急回覆的郵件。第二件事是轉移我腦子裡或當天先前記下來的新任務，列入我的正式工作清單。我利用 Google 文件來儲存我的工作清單，我喜歡它能從任何一部電腦存取的功能，但無論使用哪一種科技，實際上無關緊要。我打開工作清單，快速瀏覽清單上每一項任務，然後檢查日曆上未來幾天的安排，這兩個動作能確保我沒有忘記任何急事、任何重要的截止期限或約會。

這時候，我已經檢查過日程表上的每一件事，並利用這些資訊為明日做個約略的計畫。一旦完成計畫，我會說：「關機完成。」一天的工作也就此結束。

關機儀式乍看可能很極端，但這麼做有個好理由——「柴嘉尼效應」。這個以 20 世紀初心理學家柴嘉尼（Bluma Zeigarnik）的實驗命名的效應，描述未完成的工作會支配我們的注意力。如果你在下午 5 點突然放下手上正在做的事，宣布「我今天的工作結束了」，可能很難讓你的心思就此不再想工作上的問題。因為正如柴嘉尼的實驗，你腦子裡許多懸而未決的義務會在整個晚上繼續爭奪你的注意力，而且通常它們會戰勝。

剛開始時，這項挑戰似乎是不可能的，任何忙碌的知識工作者都知道，永遠有未完成的任務，妄想所有該做的事情都做完了，就像痴人說夢。但幸運的是，我們不需要完成一件事才能把它放下，本章前面談到的心理學家鮑梅斯特能幫我們解決這個難題。

鮑梅斯特與馬西坎普（E.J. Masicampo）合寫了一篇論文，打趣地以〈想像它已經完成！〉為題。兩位研究者設計讓實驗對象產生柴嘉尼效應，由研究人員分派一項任務給實驗對象，然後故意打斷他們。但他們發現，如果要求實驗

對象在被打斷後，很快地針對未完成的任務擬定計畫，就可以大幅降低柴嘉尼效應。這篇論文指出：「為目標擬定具體的計畫，不僅有助於達成目標，還能釋放認知資源去做其他事。」

關機儀式就是利用這種策略來對抗柴嘉尼效應，它不強迫你為工作清單上每一件任務擬定具體的計畫（這是負擔沉重的要求），但要求你條列每一項任務，並在評估這些任務後，為明日做計畫。這個儀式確保你不會忘記任何任務，你每天都會檢視所有任務，並適時處理它們。換言之，你的心智無需承擔必須隨時追蹤這些義務的重擔，你的關機儀式已接管這個責任。

關機儀式可能讓人感到不耐煩，因為你可能得多花 10～15 分鐘來結束你的工作，有時候甚至更久，但它是享受前面談到的有系統的休息所不可或缺的。以我的經驗來說，關機儀式的習慣得持續做一週或兩週才會發揮作用。換言之，要等到你的心智真正信任這個儀式，才會開始在晚上釋放與工作有關的念頭。一旦它開始產生作用，這個儀式將永久變成你生活中的一部分，要是跳過這個日常程序，還可能讓你感到不安。

數十年來，心理學許多分支領域的研究都指向一個結論：

定期讓你的大腦休息，可以改善深度工作的品質。在你工作時，努力工作；工作結束後，就把它放下。你的電子郵件平均回覆時間可能會晚一些，但換來的報償更大。經過晚上的休息，你的深度工作能力將遠超過心力耗竭的同事，讓你在白天完成大量真正重要的工作。

RULE　2
學會擁抱無聊

　　想要更了解深度工作的藝術，我建議你在工作日早上 6
點參觀紐約州春谷的以色列會堂。去到那裡，你會發現停車
場上至少有 20 輛汽車。在會堂裡，數十個參加集會者正專
心研讀經典，有些人獨自唸著古老語言寫成的經文，其他人
則三三兩兩地聚集辯論。在廳堂的一頭，拉比正帶領一群會
眾進行討論。春谷的集會只是那天早上早起的成千上萬名正
統派猶太人的一小部分，那是他們每個工作日早晨都要做的
事，練習他們信仰中的一項核心教義：每天花時間研讀拉比
猶太教繁複的文字傳統。

　　以色列會堂的成員馬林（Adam Marlin）是經常參加這
個晨讀團體的成員之一，他帶領我進入這個世界。馬林向我
解釋，他的目標是每天解讀一頁《塔木德》經文，雖然有時
候連一頁也做不到。通常會有一名共讀的夥伴，協助他把對

經文的了解推向他認知的極限。

我對馬林感興趣的不是他對古經文的知識，而是獲得這種知識所需要的努力。當我訪問他時，他強調他在儀式中耗費大量精神。「這是很嚴格的訓練，就像你說的深度工作。」他解釋說：「我經營一家正在成長的事業，但研讀經文通常才是最花我腦力的事。」耗費大量精神的不只有馬林，這種練習本來就是如此，正如會堂的拉比曾對他解釋：「除非你逼自己達到心智的極限，否則，你不能自認已履行這項每日的義務。」

和許多正統派猶太人不同，馬林較晚皈依，直到 20 多歲才開始接受嚴格的訓練。這個細節對我們討論的主題有幫助，因為這讓馬林能夠對這種心智訓練的影響做出明確的前後比較，而結果讓他大感驚訝。雖然馬林在開始這項訓練時已受過極好的教育（他擁有三個不同長春藤聯盟大學的學位），但他很快便認識一些只讀過小神學院的人，卻能機鋒相對與他辯論經文。「這些人中，有些在職業上極為成功。」他解釋說：「提升他們聰明才智的不是名校，而是他們最早從五年級就開始的每日練習。」

不久之後，馬林開始注意到自己深度思考的能力變強。「我最近在事業上有更高層次的創意。」他告訴我：「我相

信這與每日的心智訓練有關。這種持續的壓力，多年來讓我的心智肌肉變強。這不是我初始的目的，但這正是效果。」

━━━━━

　　馬林的經驗凸顯深度工作的一項重要事實：高度專注的能力是訓練出來的技術。這個概念乍聽可能覺得理所當然，但其實大多數人對這件事的了解都有所偏離，根據我的經驗，許多人常把專注看成像用牙線清潔牙齒的習慣——你知道怎麼做，也知道這對你有好處，但因為缺少動機而忽略它。這種心態很普遍，因為你認為，只要有足夠的動機，就能在一夜之間把工作生活從分心轉變成專注。這種想法忽略了專注的困難，以及讓「心智肌肉」變強所需要的長時間練習。換句話說，馬林現在在事業上發揮的創意，並不是因為一次的深度思考，而是因為他每天早上都在訓練這種能力。

　　還有一個從這個概念得出的重要推論：如果不同時斷絕心智對分心的依賴，要做到高度專注將困難重重。就像運動員在訓練以外的時間也必須善加照顧自己的身體，如果你在其餘時間只要一感覺無聊就逃避專注，你將很難達到最深層的專注。

　　我們可以從史丹福大學傳播學已故教授納斯（Cliffford

Nass）的研究找到這種說法的證據。納斯以數位時代行為的研究著稱，他的眾多研究發現之一是：線上注意力不斷轉換，會對你的大腦造成持久的負面影響。以下是納斯於 2010 年接受美國國家公共廣播電台佛烈托（Ira Flatow）訪問的摘要：

> 我們有尺規可以把人區分為隨時多工的人，以及很少多工的人，兩者的差異很顯著。隨時多工者無法過濾無關緊要的事、無法管理工作記憶，長期處於分心狀態。他們把大腦中很多不相干的部分用於手上的工作……他們的心智混亂。

這時候，佛烈托問納斯，那些長期分心的人是否了解他們的大腦線路已經改變：

> 我們長期訪談的人說：「當我真的必須專注時，我會關閉一切，就像雷射般專注。」然而，遺憾的是，他們發展出來的心智習慣讓他們不可能像雷射般專注，他們會隨時吸收不相關的事，無法持續專注。

納斯發現，一旦你的大腦習慣隨時回應、習慣分心，就難以擺脫癮頭，即便在你想要專注的時候。更正確地說，如果你生活中每一刻潛在的無聊，例如必須排隊等五分鐘，或

坐在餐廳等待朋友，都用快速瀏覽智慧型手機來紓解，那麼你的大腦線路很可能已經被改造，變成納斯研究中所說的「心智混亂」狀態，難以從事深度工作，即使你安排定期訓練自己專注。

———

上一章教你如何把深度工作納入日程表，並以例行程序和儀式協助你達成專注力的極限；這一章會協助你大幅改善這種極限。後面談到的策略主要都是從一個概念出發：要發揮深度工作的最大效能，需要訓練。這種訓練必須達到兩個目標：

1. 改善你高度專注的能力
2. 克服你對分心的渴望

以下介紹的策略包含許多方法，從隔離分心到學會一種特殊形式的冥想。本章將提供你一幅實用的地圖，帶你從因為經常分心和不熟悉專注所造成的心智混亂，邁向能夠像雷射般專注的大道。

策略 1 ——安排分心的時間

　　許多人假設他們可以在必要時從分心狀態切換到專注，但正如前面談到的，這種假設太過樂觀。一旦你有分心的習慣，就會渴望分心。這個策略就是專用來協助你調校大腦的設定，讓大腦更適合保持專注。

　　在深入細節前，讓我們先思考一種常用來對治分心癮頭、但無法徹底解決問題的建議：「網際網路安息日」，有時候也稱作「數位排毒」。這個儀式的基本形式是，要求你在固定時間，通常是一週一天，讓自己不接觸網路科技。就像希伯來聖經裡的安息日，用一段安靜和反省的時間來讚美上帝和祂的做工，網際網路安息日的用意在於提醒你，整天盯著螢幕會讓你錯過許多東西。

　　我們並不清楚是誰先提出網際網路安息日的概念，但推廣這個概念的功勞常被歸給新聞記者鮑爾斯，他在 2010 年出版的書《哈姆雷特的黑莓機》中省思科技和人類的快樂。鮑爾斯後來在一次訪問中總結說：「效法梭羅的做法，也就是學習在連線的世界裡擁有一些不連線，別逃避。」

　　關於分心問題，許多建議都遵循這種在喧鬧中尋找片刻

解脫的籠統樣本，有些人一年撥出一兩個月逃避這類束縛，有些人聽從鮑爾斯每週一天的建議，也有人每天挪出一小時給這個目的。這些形式都提供一些益處，但是，當我們從大腦線路被改變的角度來看分心問題時，就會明白網際網路安息日無法治好分心的大腦。如果你每週只有一天吃得健康，你不太可能成功減重，因為大部分時間你仍在狼吞虎嚥。同樣的，如果你每週只花一天抗拒分心，你不太可能消滅大腦對那些刺激的渴望，因為大部分時間你仍屈服於渴望之下。

我提議另一種取代網際網路安息日的方法：與其安排偶爾暫停分心的專注時間，你應該安排偶爾暫停專注的分心時間。

為了更具體說明這個建議，我們簡化地假設，使用網際網路就等同於尋找分心的刺激。（當然，你可能是以專注且深入的方式使用網際網路，但對分心成癮者來說，這是很困難的事。）同樣的，我們也假設不使用網際網路就等同於更專注在工作上。（當然，你也能找到不使用網際網路的分心方式，但這往往比較容易抗拒。）

做了粗略的分類後，這個策略的做法如下：事先安排你使用網際網路的時段，然後在這些時段以外完全避開它。我建議你在工作的電腦旁準備一本筆記本，記錄下一次你可以

使用網際網路的時間，在那個時間前，絕對不允許網路連線——不管那有多誘惑人。

這個策略的基本概念是，使用分心的網路服務本身並不會減損你大腦專注的能力。真正會減損專注力的是，只要感到一絲無聊或遇到認知挑戰，就隨時在「低刺激的高價值活動」（深度工作）和「高刺激的低價值活動」（使用網際網路）之間切換，這是在教導你的心智無法容忍缺少新鮮感。

這種不斷切換就像在削弱心智肌肉，讓你無法管理爭奪你注意力的許多來源。藉由隔絕使用網際網路，進而隔絕分心，你將減少屈服於分心的次數，進而強化控制注意力的肌肉。

舉例來說，如果你安排下一次上線的時間是 30 分鐘後，而你開始感到無聊且渴望分心，那麼接下來的 30 分鐘（抵抗分心）就變成一節專注力練習。事先安排好一整天分心的時段，就變成一整天類似的心智訓練。

雖然這個策略背後的基本概念很簡單，實際應用時卻不簡單。為了幫助你成功，以下有三個必須考慮的重點。

重點 1 ：即使你的工作需要大量使用網際網路，
這個策略也管用

如果你必須每天花數小時上網或快速回覆電子郵件，這也不成問題，這只是表示你切換上下線的次數會比工作較少需要上網的人多很多。你上線時段總時間的重要性，比不上你是否確實遵守下線時段。

例如，想像你在兩次會議之間的兩小時，必須每 15 分鐘檢查一次電子郵件，每次檢查平均要花 5 分鐘。你可以在這兩小時內安排每隔 15 分鐘有一次上線時段，其餘時間則屬於下線時段。在這兩小時裡，你總共會有 90 分鐘花在下線，主動抗拒分心。你不需要犧牲太多連線時間，也能有足夠的專注力訓練。

重點 2：不管你如何安排上線時段，
其他時間絕對不使用網際網路

這個目標很容易用原則來敘述，但碰上工作日混亂的現實很快就變得很棘手。你在執行這個策略時，將面對一個無法逃避的問題，就是在下線時段一開始，你就發現你需要一些線上資訊才能繼續進行目前的工作，如果下一個上線時段還得等很長的時間，你可能動彈不得。這種情況的誘惑是，

你很快就屈服，先搜尋資訊，再重回你的下線時段。但你必須抗拒這種誘惑！

網際網路充滿誘惑。你可能會覺得自己只是看一封重要的電子郵件，但你將發現，你很難不看一眼收件匣中其他已經收到的「緊急」訊息。這種例外只要幾次就會讓你的心智開始認為上線和下線時段是可以跨越的，進而減損這個策略的效益。

碰到這種情況，很重要的是，即使你的工作陷於停頓，也不能立即放棄下線時段。可能的話，在這個下線時段改做其他工作，或者甚至在這段時間完全放鬆。如果這不可行——也許你必須盡速做完目前的工作——那麼正確的反應是改變你的時間安排，讓下一個上線時段快點開始。不過，做這種改變的關鍵是，你不能安排下一個上線時段立刻開始，至少要有 5 分鐘的間隔。這個間隔不大，所以不會嚴重阻礙你的進度，但從行為學家的觀點來看，這很重要，因為這隔絕了想上線的感覺與真正上線的獎勵。

重點 3：安排下班後的網際網路使用時間，進一步改善你的專注力

如果你發現自己整個晚上或週末都黏在智慧型手機或筆

記型電腦上，這些行為很可能會抹除你在工作日重新調校大腦線路的努力。在這種情況下，我會建議你在工作日結束後，繼續保持安排網際網路使用時間的策略。

為了簡化整件事，當你在安排下班後的網際網路使用時間，可以容許在下線時段做必須的即時通訊（例如與朋友即時通訊，確認你會在哪裡等他吃晚飯），以及取得有時間敏感性的資訊（例如用手機尋找餐廳地點）。除了這些實際碰到的意外，只要在下線時段就得放下手機，克制地使用網際網路。與在工作場所使用這個策略一樣，如果網際網路在你的晚間娛樂扮演重要角色，這不是問題，你可以改成安排多個較長的上網時段。關鍵不是避免或減少你花在分心行為的總時數，而是整個晚上給自己很多機會，抗拒一有無聊的感覺就切換到分心活動。

下班之餘執行這個策略特別困難的時刻之一是，當你被迫等待時，例如在商店排隊等結帳，如果你正在下線時段，就必須堅持抗拒短暫的無聊，只與你的心念作伴。只是等待並保持無聊，在現代生活已經變成新鮮的體驗，但從專注訓練的觀點來看，它有不可思議的價值。

———

總結而言，若想培養深度工作的能力，你必須調校大腦，使它能自如地抗拒分心的刺激。這不表示你必須斷絕分心行為，只要你有能力抵擋這類行為綁架你的注意力。這個簡單的策略——安排使用網際網路的時間，可以協助你成功重獲注意力的自主性。

策略 2——像老羅斯福那樣工作

　　如果你在 1876 ～ 1877 學年就讀於哈佛大學，可能會注意到一個結實、留著絡腮鬍、急性子、精力充沛得驚人的新鮮人，他叫西奧多・羅斯福（Theodore Roosevelt）。如果你和這個年輕人變成朋友，你很快便會注意到一個謎。

　　從一方面看，他的注意力看起來似乎無可救藥地破碎，分散到他同學形容的「驚人的各種興趣」上。根據傳記作家莫里斯（Edmund Morris）的紀錄，包括拳擊、摔角、健身、舞蹈、詩歌朗讀和終身對自然主義的熱愛（老羅斯福在文斯洛普街的房東太太，對她的年輕房客老是愛在他租的房間裡支解與填充動物樣本甚為不悅）。最後一項興趣發展到老羅斯福在大學一年級結束後的夏季，出版了他的第一本書《阿第倫達克山的夏季鳥類》（*The Summer Birds*

of the Adirondacks），並在《努塔爾鳥類學俱樂部通訊》
（*Bulletin of the Nuttall Ornithological Club*）——可想
而知，這是一本很嚴肅看待鳥類的刊物——獲得好評，好到
莫里斯稱許年輕的老羅斯福為「美國知識最淵博的年輕自然
學家之一」。

為了支持這麼豐富的課外活動，老羅斯福不得不嚴格控
制他花在原本應該是他專注焦點（哈佛課業）的時間。我們
可能以為老羅斯福的學業成績慘不忍睹，然而並非如此。他
不是班上成績最好的學生，但肯定不差：大學第一年七個科
目中，有五個科目獲得榮譽評級。老羅斯福之謎的解釋就是，
他應付學校功課的獨特方式。

老羅斯福每天一開始就考慮如何安排從上午 8 點半到下
午 4 點半的 8 小時時間，他會扣除花在背誦、上課、體能訓
練（每天一次）和午餐的時間，把剩下的片段完全用來研讀
課業。這些片段加總起來並不長，但他會在這段期間盡量只
研讀學校課業，並且投入高度的專注。「他坐在書桌前的時
間相對來說很短，」莫里斯解釋說，「但他極為專注，而且
閱讀速度很快，所以他能比大多數人花更多時間在其他活動
上。」

這個策略要求你在工作日投入像老羅斯福的衝刺式高度專注。具體來說，你要先確認一項排在優先清單前面的深度任務，也就是需要深度工作才能完成的事，估計你在正常情況下要花多少時間完成，然後給自己比這個時間短很多的嚴格時限。可能的話，公開承諾會在時限前完成，例如，跟期待這個專案的人說你會提早完成。如果不可能這麼做，或者這麼做可能會害你丟掉工作，那就在你的手機上設定倒數計時，把手機放在工作時不可能忽視它的地方來激勵你。

這時候，應該只有一種方式能讓你及時完成這個深度任務：以高度的專注工作，不檢查電子郵件、不做白日夢、不瀏覽臉書、不老是跑去泡咖啡。和老羅斯福一樣，用所有閒置的神經窮追猛打，直到任務屈服在你無懈可擊的專注力之下。

剛開始嘗試這個實驗時，一週不超過一次，給你的大腦專注訓練，但也給它和你承受的壓力休息的時間。一旦你對自己的專注力和縮短完成時間的能力有信心，再增加衝刺的頻率。記住，你設定的時限，應該永遠保持在剛好可以達成的邊緣。你可以不斷超越極限（或至少接近極限），但能否做到，有賴於你咬緊牙關、保持專注。

這個策略的基本概念很清楚，深度工作需要遠超過大多

數知識工作者能從容應付的專注水準。這種衝刺式的專注訓練，就是利用人為的時限，有系統地提高你的專注力。在某種意義上，這是在為你的大腦注意力中心提供間歇式訓練。一個額外的好處是，這些衝刺與分心彼此不相容（你不可能屈服於分心，又能趕上時限），因此，每完成一次衝刺，就是在你可能感到無聊、想尋求更多新鮮刺激時，成功抗拒了誘惑。多練習抗拒這種誘惑，抗拒就會變得越容易。

採用這種策略幾個月後，隨著你的專注力達到前所未見的層次，你對專注的價值也會有益加深刻的體會。如果你和老羅斯福一樣，就能開始把省下來的時間，用於生活中能帶來更大樂趣的事情，像是嘗試讓一板一眼的努塔爾鳥類學俱樂部成員刮目相看。

策略 3 ──練習生產性冥想

過去兩年來，我是麻省理工學院的博士後研究員，與妻子住在歷史悠久的燈塔山平克尼街一棟小而迷人的公寓。雖然我住波士頓而在劍橋工作，但兩個地點隔著查爾斯河相望，相距僅一英里。為了保持身材，即使在新英格蘭漫長陰暗的冬季，我也決定盡可能利用住家到辦公室距離很短的優

點，走路上下班。

　　我的例行做法是，每天早上穿過朗費羅橋，走路到校園，不管天氣如何（讓我驚訝的是，下雪後劍橋市總是很慢才會剷去人行道上的積雪）。到了午餐時間，我會換上跑步裝，從一條沿著查爾斯河畔的長步道，跨越麻薩諸塞大道橋，跑步回家。在家快速吃午餐和淋浴後，通常我會搭跨河地下鐵回校園（節省大約三分之一的路程），工作結束後再走路回家。換句話說，這段期間我花很多時間走路，就是因為如此，我發展出我現在要建議你的練習：生產性冥想。

　　生產性冥想的目標是，花一段你會用上體力、但不用腦力的時間——散步、慢跑、駕車、淋浴等——並集中你的注意力在單一而明確的職業問題上。視你的職業而定，這個問題可能是擬文章的大綱、擬談話稿、解一個證明題，或嘗試修改一套企業策略。就像正念冥想一樣，你必須在注意力飄走或停止時，持續把它帶回思考的問題上。

　　住在波士頓時，我每天至少會有一次在走路上下班時練習生產性冥想，而且隨著我的技巧改進，效果也跟著提升。例如，我上一本書大部分的內容大綱就是在走路時草擬的，學術研究上許多難解的技術問題也是在這時候獲得進展。

我建議你在自己的生活中加入生產性冥想練習。你未必需要每天做嚴格的練習，但你的目標應該是每週至少做兩三次。幸運的是，要為這個方法找時間很容易，只要利用原本可能被浪費的時間，例如遛狗或通勤，只要做對了，就能確實提升你的職業生產力，而不占用你的工作時間。你甚至可以考慮在工作中安排散步時間，做生產性冥想，思考當時最迫切的問題。

不過，這個建議的目的並非為了它的生產效益（雖然這很棒），我感興趣的是它可以很快地改善你深度思考的能力。根據我的經驗，生產性冥想的基礎就是本章一開始介紹的兩個重要概念：藉由強迫你不斷抗拒分心，以及把注意力拉回一個明確的問題，進而強化抗拒分心的肌肉；並藉由強迫你把注意力推向單一問題的更深處，磨利你的專注力。

若想成功運用生產性冥想，就和許多形式的冥想一樣，也需要練習。我在博士後研究員階段第一次嘗試這種方法時，發現自己很容易分心，每次結束長時間的冥想後都毫無進展。我練習了十幾次才開始感覺到效果。你也應該預期會有類似的過程，練習是不可或缺的，但為了加速暖身的過程，我可以提供兩個具體的建議。

建議 1：留意分心和繞圈子

身為冥想的生手，在你開始嘗試生產性冥想時，大腦的第一個反抗是提供不相關、但較有趣的念頭。例如，我的注意力總是飄到一封我知道必須回覆的電子郵件，客觀來說，這並不是什麼有趣的念頭，但在當時它變得難以抗拒到很離譜。因此，當你發現自己的注意力飄離目前的問題時，要溫柔地提醒自己可以晚一點再來想讓你分心的事，重新引導注意力回來。

從許多方面來看，這種分心是建立生產性冥想習慣時必須打敗的敵人，另一個頑強的對手則是繞圈子。面對困難的問題時，你的心思會依照演化的自然結果，嘗試盡可能避免過度消耗能量。其中一種嘗試是避免更深入思考問題，因此會一再繞回你已經知道的解答。例如，當我要思考一個證明時，我的心思會反覆再三地在簡單的初步結果繞圈子，避開運用這些結果構思真正解答的辛苦工作。你必須提防繞圈子，它會很快地摧毀整個生產性冥想的練習時間。因此，當你注意到它時，提醒自己似乎在繞圈子，並引導你的注意力到下一個步驟。

建議 2：組織你的深度思考

深度思考一個問題似乎是理所當然的活動，但實際上並不是。當你面對一個不受打擾的心智環境、一個難題，並且擁有充分思考的時間，你的下一步可能出人意料地不明確。根據我的經驗，如果這個深度思考的過程是有架構的，會很有幫助。

我建議先仔細檢視問題的相關變數，把它們存在大腦的工作記憶中，例如，你正在為一本書的其中一章擬大綱，相關變數可能是你想在這一章提出的主要論點。如果是嘗試解決一個數學證明，變數可能是真正的變數或假設，或是輔助定理。

一旦確認相關變數，接著定義你要利用這些變數解決的下一個問題。在為書章擬大綱的例子裡，下一個問題可能是：「我要如何有效地開始寫這一章？」對數學證明來說，下一個問題可能是：「如果這個假設不成立，會出什麼錯？」儲存變數並確認下一個問題後，你的注意力就有了具體的目標。

假設你能解決下一個問題，這個深度思考架構的最後一步是：檢視你的解答，以鞏固你的成果。這時候，你可以再次展開這種程序，把自己推向下一層深度。這個檢視與儲存

變數、確認與解決下一個問題，然後鞏固成果的循環，就像提高專注力的例行強度健身訓練一樣，它會協助你在生產性冥想的時間內獲得更大的成果，加速提升你的專注力。

策略 4 ── 練習記憶一副牌

只要五分鐘，基洛夫（Daniel Kilov）就能記住下列任一項東西：一副洗過的紙牌、一串 100 個隨機排列的數字、115 個抽象形狀（最後一項技能創下澳洲的國家紀錄）。因此，不意外的，基洛夫最近連續第二年贏得澳洲記憶錦標賽亞軍。也許較令人驚訝的是，以基洛夫的背景來說，他竟然會成為一位心智運動員。

「我出生時並沒有特殊的記憶力。」基洛夫告訴我。他在高中時自認很健忘又散漫，學業成績落後，最後被診斷為注意力缺失症（ADD）患者。他是在一次巧遇中，認識澳洲最成功、也最知名的記憶冠軍阿里（Tansel Ali）後，才開始認真訓練他的記憶力。當他獲得大學學位時，他已第一次贏得全國比賽冠軍。

他變成世界級心智運動員的過程很迅速，但並非史無前

例；2006 年，美國科學作家弗爾（Joshua Foer）經過密集訓練後，贏得美國記憶比賽冠軍，他把經歷發表在 2011 年的暢銷書《大腦這樣記憶，什麼都學得會》（*Moonwalking with Einstein*）。但基洛夫的故事對我們來說的重要性是，他在記憶力密集發展期間學業成績的表現。在他一面訓練自己的大腦時，他從患有注意力缺失症而學業落後的學生，到畢業時獲得澳洲一所嚴格的大學的一級榮譽學位。他很快便進入澳洲頂尖大學的博士班，目前在一位知名哲學家門下做研究。

這種轉變的解釋之一是，聖路易華盛頓大學記憶實驗室主持人羅迪傑（Henry Roediger）領導的研究。2014 年，羅迪傑和他的同事派出研究團隊，帶著一組認知測驗，到聖地牙哥舉行的極限記憶力錦標賽現場。他們想了解這些記憶力高手與一般人有什麼不同。「我們發現，記憶運動員和一般人最大的不同之一是，他們的認知能力不能直接從記憶力來測量，而是從注意力。」羅迪傑在《紐約時報》部落格的文章中解釋（這正好是我強調的重點）。這種能力稱作「注意力控制」，測量實驗對象在必要資訊上保持專注的能力。

換句話說，記憶力訓練的附帶效應之一是，你的專注力也會獲得改善，而這種能力可以有效運用在任何需要深度工作的任務。因此我們可以推論，基洛夫變成明星學生不是因

為讓他贏得大賽的記憶力，而是他努力提升記憶力，意外地給了他學業成功所需要的深度工作優勢。

這個策略要求你模仿基洛夫的訓練的一個重要部分，進而讓你的專注力也獲得同樣的改善。特別的是，這個策略要求你學習一種大多數心智運動員採用的標準、但令人刮目相看的技巧：記憶一副洗過的紙牌。

———

我將教你的紙牌記憶技巧，來自一個在該領域有著豐富知識的人——美國記憶大賽前冠軍兼紙牌記憶世界紀錄保持者懷特（Ron White）。* 懷特強調的第一件事是，職業記憶運動員從不嘗試死背，也就是他們不會不斷重複看資訊，一再在腦子裡背誦。死背的方法雖然在為背誦而焦頭爛額的學生間很常見，卻誤解了我們大腦運作的方式。

我們天生不擅長內化抽象的資訊，不過，我們善於記憶畫面。回想你生活中近來值得記憶的事件：也許是出席一場

---

* 這裡介紹的步驟是引據懷特的文章〈如何以超人的速度記憶一副紙牌〉，你可以在線上找到，網址為 http://www.artofmanliness.com/2012/06/01/how-to-memorize-a-deck-of-cards/。

會議的開幕式，或是與一位很久不見的朋友相聚喝酒。嘗試盡可能清楚描述那個景象。大多數身歷其境的人都能喚起事件的鮮活記憶——即使你從未特別努力記住它。如果你有系統地計算這個記憶中的細節，你記住的項目可能出奇地多。換句話說，如果用正確的方式儲存，你的心智可以快速儲存大量的詳細資訊。懷特的紙牌記憶技巧就是建立在這種記憶機制上。

懷特建議，準備進行這種大量記憶的任務時，你要先在心裡強化你走過家裡五個房間的意象。也許是從大門走進來，經過前廊，轉身進入浴室，接著走進客廳，走進廚房，然後下樓梯，走到地下室。在每個房間，喚起你所見東西的鮮明意象。

一旦你能輕易回憶、以心智走過一個熟悉的地點後，再回想每個房間裡的 10 樣東西。懷特建議這些東西要夠大，會比較容易記憶，例如桌子，而不是鉛筆。接下來，建立你看到房間裡每樣東西的順序，例如，你在前廊先看到入口的地氈，然後是地氈旁的鞋子，然後是鞋子上方的長條椅等等。這些加起來有 50 項，所以要再加 2 項，也許是後院的東西，總共 52 項，這些意象就是你以後連結到一副標準紙牌所需要的東西。

以固定的順序，練習走過房間、然後看到東西的心智訓練。你會發現，這種記憶方法是根據對熟悉地點與事物的視覺意象，會比你當年在學校使用的死背方法容易得多。

第二個步驟是，為 52 張牌聯想一個熟悉的人物或東西。為了讓這個程序容易些，你可以嘗試在紙牌和對應的意象之間保持某種邏輯。懷特以川普（Donald Trump）聯想方塊K，因為方塊（鑽石）象徵財富。練習這種聯想，直到從一疊紙牌中隨機抽出一張，你就能立刻想到對應的意象。和前面一樣，利用熟悉的視覺意象和聯想可以讓連結的工作更容易。

這兩個步驟是基礎步驟，你只要做一次，以後在記憶牌組時就可以再三利用。完成這兩個步驟後，你已經準備好做接下來的主要練習了：盡可能快速記憶一副剛洗過的 52 張牌。這裡用的方法很直接：你開始在心裡走過你的住家，每看到一項東西，就依序看一張紙牌，並想像對應的熟悉人物在這項東西旁邊做熟悉的事。例如，第一個地點和東西是前廊的地氈，你就可以想像川普在前廊入口的地氈上擦他沾到泥巴的昂貴皮鞋。

仔細地走過房間，依序進行像這樣的聯想，結束一個房間時，你可以再多走幾次，以便鎖住意象。完成練習後，你

就能把紙牌交給你的朋友，用你的記憶本領讓他大吃一驚。這時候，你要做的就是再一次走過房間，串連起每一張牌對應的熟悉人物和東西。

━━━━━

如果你經常練習這個技巧，你會發現，跟許多心智運動員一樣，最後你可以在幾分鐘內記住整副紙牌。當然，比起讓你的朋友刮目相看，更重要的是這種活動提供的心智訓練。進行上述步驟需要你再三集中注意力在一個明確的目標，就像肌肉對舉重的反應，這會強化你整體的專注力，讓你更容易進入深度狀態。

值得強調的是，記憶紙牌並沒有什麼奇特之處，任何有組織且需要堅定專注力的思考程序都能帶來類似的效果，不管是像馬林研讀《塔木德》經文，或練習生產性冥想，或嘗試用耳朵學一首歌的吉他部分（我過去的最愛之一）。這個策略的關鍵並不在於這些方法，而是你訓練你的專注力的決心有多強烈。

RULE 3

拒絕任何好處心態

　　2013 年，作家兼數位媒體顧問色斯頓（Baratunde Thurston）進行一項實驗，他決定斷絕他的線上生活 25 天：沒有臉書、推特、Foursquare（一個在 2011 年頒給他年度市長獎的網站），甚至沒有電子郵件；他需要暫時休息。色斯頓被朋友形容為「全世界最連線的人」，他自稱參與超過 59,000 次 Gmail 通訊，實驗的前一年他在臉書貼文 15,000 次。「我已經耗盡、枯竭、爛熟、烤焦。」他解釋說。

　　我會得知色斯頓的實驗，是因為他在《快公司》（*Fast Company*）雜誌的封面文章提到，而這篇文章很諷刺的標題是〈＃拔插〉（#UnPlug）。色斯頓在文章中透露，適應斷線生活並不需要太久的時間，「到第一週結束時，我安靜的生活節奏似乎不再那麼奇怪。」他說：「我對於認識新事物不再覺得壓力那麼沉重。我感覺自己還存在，雖然在網際

網路上沒有分享的紀錄可以證明這種存在。」色斯頓開始與陌生人交談，他享受食物而不在 Instagram 公告周知這種經驗，他買了一部單車，並且發現：「如果你不同時檢查你的推特，騎這玩意兒會容易些。」

「結束來得太快了。」色斯頓惋嘆說。但他還有新創公司等著他經營，有書等著他行銷，所以 25 天過後，他不情願地重啟了他的線上生活。

色斯頓的實驗明確地總結了有關我們當前文化與社群網站關係的兩個重點。這些社群網站包括臉書、推特、Instagram，以及 Business Insider 和 BuzzFeed 等資訊娛樂網站；這兩類線上分心來源，我在後面章節合稱為「網路工具」。

第一個重點是，我們越來越清楚知道，這些工具支解我們的時間，降低我們的專注力，這個事實不再引發辯論，因為我們都感覺得到。對許多人來說，這是個實質問題，但如果你嘗試提升深度工作的能力，這個問題會特別可怕。

舉例來說，我在上一章介紹了幾個可以協助你磨利專注力的策略，但如果你在練習時，行為還是像實驗前的色斯頓，讓練習以外的生活充滿應用程式和瀏覽書籤等分心事物，你

的努力將備感困難。意志力是有限的，吸引注意力的誘惑工具越多，就越難專注於重要的事情。因此，想精通深度工作之道，你必須重新掌控你的時間和注意力，避開許多嘗試搶奪它們的分心事物。

不過，在開始反擊這些分心事物前，先來了解我們所處的戰場。這帶我們來到色斯頓的故事總結的第二個重點，也就是知識工作者目前談論網路工具和注意力問題時的無力感。對這類工具占據時間感到不勝負荷的色斯頓，認為他唯一的選擇是完全放棄網際網路（雖然只是暫時的）。在我們的文化中，越來越普遍的說法是，激進的「網際網路安息」*是因應社群媒體和娛樂資訊導致分心的唯一選項。

以二分法來因應目前的情況，本身就有一個問題，就是這兩個選擇都粗糙得無法發揮作用。放棄網際網路的想法當然是一個誇大的幻想，對大多數人來說都不可行（除非你是寫有關分心主題的新聞記者）。沒有人會真的照色斯頓的方法做，而這正好提供了我們繼續照另一個選項做的藉口：接受目前的分心狀態是無可避免的。雖然色斯頓在他的網際網

---

* 網際網路安息和上一章提到的網際網路安息日不同，後者要求你定期暫停使用網際網路，通常是一週一天；前者則是離開線上生活一段較長的時間，持續好幾週，甚至更久。

路安息期間獲得很多洞識和清明，但在結束實驗後不久，他又會再度陷入當初支離破碎的情況。在我開始寫這一章的那天，也就是色斯頓的文章初次出現在《快公司》的僅僅半年後，這位洗心革面的連線者早上起床後的幾個小時內，已經發出一打的推文。

本章嘗試提供第三個選項來讓我們擺脫這種困境：接受這些工具本身並非邪惡，而且有些工具可能對我們的成功和快樂很重要；但另一方面，我們也應該承認，容許一個網站不斷占用你的時間和注意力（更不用說存取你的個人資料）的門檻應該更嚴格些，因此，大多數人應該減少使用這類工具。換句話說，我不會要求你像色斯頓連續 25 天完全放棄網際網路，但我會要求你拒絕促使色斯頓進行那項激進實驗的極度分心的連線狀態。這當中有一條中庸之道，如果你對發展深度工作習慣有興趣，就必須努力踏上這條大道。

━━━━━━

踏上選擇網路工具的中庸之道的第一步是，了解大多數網際網路使用者採用的標準決定程序。我在 2013 年秋季寫了一篇解釋我為什麼不加入臉書的文章，對這個程序有了深刻的體悟。雖然那篇文章的本意是解釋而非指責，卻激發許多讀者的防衛心，他們在回應中為使用這種服務辯護。以下

是這些辯護的若干例子：

- 「娛樂是一開始吸引我上臉書的原因，我可以看到朋友在做什麼、張貼好玩的照片、很快地發表一些意見。」
- 「我剛加入時，純粹是因為好奇，我加入一個短篇小說的論壇。我在那裡改進我的寫作，並且交到很好的朋友。」
- 「我使用臉書是因為我高中認識的人很多都在那裡。」

這些回應是我收到討論這個主題的大量回饋中最具代表性的，讓我感到驚訝的是，它們都是小事。例如，我不懷疑第一位評論者從臉書中找到一些娛樂，但我也會假設這個人在使用臉書前並沒有嚴重的缺乏娛樂選項的問題，我還可以進一步打賭，即使立即關閉臉書，這位使用者也能找到其他打發無聊的方法。臉書充其量只是在眾多既有的娛樂選項之中，再增添一個新選項，也許還是相當平凡的一個。

另一位評論者談到在寫作論壇交到朋友，我不懷疑這些朋友是真的，但我也可以假設這些朋友只是泛泛之交，只建立在透過電腦網路來回傳送簡單訊息的基礎上。泛泛之交並沒有不好，但他們不可能成為這位使用者社交生活的重心。

類似的話也可以回答這名再度連絡上高中朋友的評論者：這是不錯的消遣，但談不上是對他的社交關係或快樂很重要的事情。

我必須說明，我不是要詆毀前述例子所說的好處，它們完全沒有虛假或誤導。我強調的是，這些好處都很小，而且有點因人而異。對照之下，假設你問某個人更廣泛地使用全球資訊網或電子郵件的理由，得到的答案將更具體且有說服力。對於這些意見，你可能說好處就是好處，如果從臉書這種服務中可以得到一些額外的好處，即便只是小好處，為什麼不用它？我稱這種思考方式為「任何好處心態」：認為任何可能的好處都是使用網路工具的充分理由。更詳細地說：

使用網路工具的任何好處心態
只要能找到使用一項網路工具的好處，或是不使用它可能錯過的好處，就是你使用這項網路工具的理由。

這種心態的問題當然是，它忽略了隨著使用那些工具而來的所有壞處。這些服務的設計是為了讓人容易成癮，占據你的時間和注意力，減少你從事支持你職業和個人目標的活動（例如深度工作）。最後，如果你無限度地使用這些工具，你會達到耗竭、極度分心的連線狀態，就像色斯頓和數千萬

像他的人那樣。在這裡，我們看到了任何好處心態真正凶險的特性。使用網路工具可能造成傷害，如果你不嘗試權衡利弊得失，只用表面上看來可能有的任何潛在好處當作無限度地使用一種工具的理由，那麼你將在不知不覺中削弱你在知識工作界賴以成功的能力。

客觀來看，這個結論不應該令人驚訝。在網路工具的環境中，我們已經很習慣任何好處心態，但如果我們退一步，從更廣泛的技術勞動環境考慮這種心態，它突然就變成一種不尋常、而且忽視歷史觀的工具選擇法。換句話說，如果你放下環繞網際網路至上的革命論（也就是第一篇談到的概念：你若不是全然相信革命，就是反科技的冥頑不靈者），你很快就會發現，網路工具並不特別，它們只是工具，和鐵匠的鐵槌或畫家的畫筆被技術勞動者用來把工作做好（偶爾也用來改善他們的休閒），沒有多大差別。古今中外，技術勞動者向來以老練經驗和懷疑精神看待新工具，再決定是否採用它。知識工作者在碰到網際網路時，沒有理由不能這麼做，即使今日的技術勞動牽涉到數位，也沒有改變這個現實。

若想要了解這種更周全的工具觀，不妨找個靠非數位工具謀生、並且仰賴與這些工具的複雜關係而成功的人談談。我很幸運地找到一位在學校主修英語，後來成功改行的農夫普利特查德（Forrest Pritchard）。

普利特查德經營史密斯農場，是一座位於華盛頓特區往西一小時車程的家庭農場，也是聚集在藍嶺山河谷地帶的許多農場之一。據我所知，普利特查德從父母手中接掌這片土地後不久，就把營運從傳統單一作物轉向當時還很新奇的草飼牛。這座農場繞過批發商，直接在華盛頓特區等大都會區熱鬧的農民市集賣產品給消費者，所以你在連鎖超市找不到史密斯農場的牛排。綜合各種報導來看，這家農場在一個難以小規模營運的產業中欣欣向榮。

　　我第一次認識普利特查德，是在我居住的馬里蘭州塔科馬帕克的農民市集，在那裡，史密斯農場的攤位生意相當好。身材魁梧的普利特查德站起來比大多數顧客高一呎，穿著典型農民的褪色法蘭絨衣服，看到他就像看到一個對自己的技藝信心滿滿的工匠。我向他自我介紹和說明，因為農事是一種仰賴仔細管理工具的技術，而我想了解非數位領域的工匠如何做這項重要工作。

　　「調製乾草是個好例子。」我們開始談這個話題之後，他就告訴我：「我可以根據這個主題給你基本概念，而不必大費周章談根本的經濟理論。」

他解釋說，在他接掌史密斯農場後，就開始自己調製乾草，以便在冬季無法放牧時餵養牛隻。調製乾草要使用一種叫乾草捆包機的設備，拖在牽引機後面，可以把乾燥的草壓縮並捆包。你的牲口需要吃乾草，如果你自己的地能免費生長上好的草，何必花錢跟別人買飼料？因此，如果農民贊成知識工作者的任何好處心態，他肯定會買一部乾草捆包機。但普利特查德先為不知如何談起道歉後，再向我解釋，如果農民真的採用這種簡化的心態，「我會等著看那座農場多久後會貼出『待售』的招牌」。和大多數同行一樣，普利特查德在評估一項工具時會採用較成熟的思考程序，而應用在乾草捆包機上，他很快就決定賣掉它。史密斯農場現在向外購買所有需要的乾草。

以下就是原因……

「我們先從調製乾草的成本談起。」普利特查德說：「首先是燃料、機器維護和乾草儲存棚屋的實際成本，你還必須繳棚屋的稅。」不過，這些可估算的成本還是他做決定時較容易的部分，更需要注意的反而是機會成本。他進一步說明：「如果我整個夏天都要調製乾草，就不能做別的事。例如，我現在利用這些時間飼養肉雞，就可以出售肉雞，創造有利的現金流，雞糞還能用來當土壤的肥料。」

向外購買乾草捆也有同樣深一層的考量，普利特查德解釋說：「我買乾草，是以現金交換動物的蛋白質，以及肥料（通過動物的消化系統後）。我用金錢交換讓我的土地更有養分，也避免整個夏天開著重機械把土地壓得太緊。」

　　在做最後決定時，普利特查德的考量超越直接的金錢成本（那基本上是浪費），而把注意力轉向更細微的土地長期健康問題。根據上述的理由，普利特查德的結論是，向外購買乾草的結果是得到更健康的土地。他總結說：「土壤的肥分是我的基準。」根據這些計算，乾草捆包機非賣不可。

　　請注意普利特查德做決定時的複雜思考，這凸顯一個重要的事實：光是確認一些好處還不足以投資時間、金錢和注意力在一種對他這個行業的人來說幾近可笑的工具。當然，乾草捆包機能提供好處，農具供應店裡的每一種工具都能提供好處；但另一方面，它當然也有壞處。普利特查德做這個決定必須精打細算，因此他從一個明確的基準出發。對他來說，土壤健康對他的職業成功有著根本的重要性，因此他會根據這個基準來決定是否要使用一項工具。

　　我的建議是，如果你是知識工作者，也對培養深度工作習慣感興趣，就應該以和其他技術工作者（例如農人）一樣的審慎態度，來看待你的工具選擇。以下是我對這種評估策

略的總結，我稱之為「工匠的工具選擇法」，強調工具終究是為了達成更大的個人目標。

工匠的工具選擇法
找出決定你職業與個人成功和快樂的核心因素，只有當一項工具對這些因素的好影響遠超過壞影響時，才採用這項工具。

工匠的工具選擇法與任何好處心態是對立的。任何好處心態把任何潛在的好影響當作使用一項工具的理由；工匠的工具選擇法則要求這些好影響必須針對重要的核心因素，而且必須超過壞影響。

雖然工匠法排斥任何好處法的簡化，但它並不忽視目前驅使人們使用網路工具的好處，也不主張什麼是「好」科技或「壞」科技。它只要求你以同樣的標準，審慎而細微地考量特定的網路工具，正如整個技術勞動歷史上其他行業看待工具的方式。

———

本章接下來要談的三個策略，目的是讓你逐漸習慣放棄任何好處心態，進而在選擇占據你時間和注意力的工具時，

採用更深思熟慮的工匠哲學。這個指南很重要，因為工匠法並沒有固定的公式。確認你生活中最重要的東西、評估各種工具對這些因素的影響，無法簡化成一個單純的公式，這個任務有賴練習和實驗。以下的策略提供這種練習與實驗的架構，強迫你從許多不同角度評估你的網路工具。這些策略合起來應該能幫助你與你的工具建立更成熟的關係，讓你挽回足夠的時間和注意力，進而達成其他策略的目標。

策略 1 ──根據「重要少數法則」選擇網路工具

葛拉威爾（Malcolm Gladwell）不使用推特，他在2013 年的訪問中解釋原因：「誰說我的粉絲想看我的推特訊息？」他接著開玩笑說：「我知道很多人不想看我的訊息。」另一位超級暢銷書作者路易士（Michael Lewis）也不使用推特，他說：「我不寫推文、不上推特，我甚至沒辦法告訴你如何讀推文或上哪裡找推特訊息。」我在本書第一篇也提到，得獎的撰稿人派克也不上推特，而且直到最近才迫於需要而擁有一支智慧型手機。

這三位作家並不認為推特毫無用處，他們也很清楚其他

作家對推特的推崇。事實上，派克公開說自己不使用推特，是在回應《紐約時報》已故媒體批評家卡爾（David Carr）一面倒地支持推特的文章。卡爾在文章中說：

> 現在，過了將近一年後，擁有推特帳號讓我大腦變漿糊了嗎？沒有。我可以在固定時間談更多的事，遠超過我的想像。我也不必花半小時搜尋消息，只要利用在星巴克等咖啡的片刻，就能知道今天有哪些新聞和人們對它的反應。

不過，另一方面，葛拉威爾、路易士和派克並不認為推特提供的好處，足以彌補在特定情況下帶來的壞處。例如，路易士擔心經常連線會消耗他的精力，降低他研究與寫好文章的能力，他說：「人們過度連線的程度真的很驚人。我的生活中有許多通訊對我毫無助益，只會消耗我。」派克則擔心分心，他說：「推特是媒體成癮者的快克古柯鹼。」他甚至形容卡爾對推特的熱烈推崇是「我近幾年來讀過最恐怖的未來景象」。

我們不必爭辯這些作家逃避推特或類似工具的個人決定是否正確，因為他們的銷售數字和獲得的獎項會說話。但我們可以將這些決定視為勇氣可嘉的工匠的工具選擇法的實證，在一個許多知識工作者（尤其是創意工作者）身陷任何

好處心態的時代，看到較成熟地篩選這類工具的做法，令人耳目一新。回想前面提到的思考程序的複雜，普利特查德必須絞盡腦汁才能決定要不要使用乾草捆包機，對許多知識工作者和他們生活中的許多工具來說，這種決定也會同樣複雜。這個策略的目標就是提供一些架構給這個思考程序，降低你在做評估時的複雜性。

這個策略的第一步是，找出你職業生活和個人生活的主要目標。例如，假設你有家庭，你的個人目標可能牽涉到善盡父母職責、經營一個有條不紊的家。在職業生活方面，目標的細節取決於你的職業類別，以我自己身為教授為例，我追求兩個主要目標，一是有效的課堂教師和研究生導師，另一個是有效的研究人員。

你的目標可能有所不同，關鍵是讓列出的項目都是最重要的，並讓敘述文字保持適度的簡明扼要。如果你的目標包括具體的細節，例如「達成數百萬美元的銷售」或「一年內發表六篇論文」，那就太過具體，不適合用在這裡。全部列出來後，應該只會有少數幾個職業和個人生活上的目標。

確認這些目標後，為每一項目標列出兩到三個能幫助你達成目標的重要活動。這些活動應該要夠具體，能讓你清楚地想像實際進行的過程，另一方面，也應該要夠籠統，而不只是一次性的結果。例如，「把研究工作做好」就太籠統（「把研究工作做好」是什麼樣子？），而「在下次會議前及時完成論文」則太具體（是一次性的結果）。這時候，一個好活動應該像是「定期閱讀並了解我專業領域的最新成果」。

　　這個策略的下一步是思考你目前使用的網路工具，問自己使用這項工具，對你定期且成功地參與你的重要活動是否有顯著的好影響、顯著的壞影響，或沒什麼影響。最後做出決定：如果你的結論是有顯著的好影響，遠超過壞影響，就繼續使用這項工具。

　　為了具體說明如何應用這個策略，讓我們舉一個例子。假設路易士為他的寫作職涯擬出下列的目標和重要活動：

職業目標

以優美文字寫出敘述性的故事，改變人們對世界的了解。

支持這個目標的重要活動

1.　耐心且深入的研究
2.　審慎寫出有意義的內容

現在，想像路易士以這個目標決定要不要使用推特。應用這個策略，路易士必須調查推特對他的重要活動的影響。沒有明確的方法可以證明推特對這兩種活動會有顯著的好影響。假設「深入的研究」需要花數週或數個月（他擅長長篇新聞寫作，以多篇報導來陳述一個故事），「審慎的寫作」當然需要避免分心，就這兩種活動來說，推特在最好的情況下是沒有實質影響，最壞則可能有壞影響，取決於路易士對推特成癮性的承受度。因此結論是，路易士不應該使用推特。

你可能會辯稱，只以單一目標來評估推特是否有用太過牽強，忽視了像推特這種服務最能發揮效用的領域。特別是對作家來說，推特常被當作與讀者建立關係，最後帶來更多銷售的工具。不過，對於像路易士這樣的作家，在他評估職業目標時，行銷不太可能被視為重點。這是因為他的聲譽保證，只要他寫出好的內容，就會獲得許多極有影響力的媒體報導。因此，他的目標是寫出最好的書，而非透過一些低效率的手段嘗試多增加一點銷售。換句話說，問題不是推特是否對路易士有一些可能的好處，而是使用推特對他職業生活最重要的活動是否有顯著的好影響。

那麼，如果是名氣較小的作家呢？這時候行銷可能在他的目標中扮演較重要的角色。但如果要他列出兩三個支持他的目標的重要活動，靠推特促成的輕量級的一對一接觸，也不太可能被列入。這是簡單算術的結論。想像這位作家每天辛苦發送十則個人化的推文，一週五天，每一則都與一名新的潛在讀者連絡。再想像當中50％的潛在讀者會變成死忠粉絲，一定會買他的下一本書。在寫一本書的兩年期間，這種做法可能會帶來2,000本的銷售，這對於要擠進暢銷書排行，每週都需要比這個數字多兩三倍的市場來說，只算小助益。同樣的，問題不是推特能否提供好處，而是提供的好處是否抵得過消耗的時間和注意力。時間和注意力對作家來說都是特別寶貴的資源。

　　看過應用在職業生活的例子後，接下來讓我們思考網路工具對個人目標可能更具破壞力的影響，特別是在我們文化中最無所不在、最被激烈辯護的工具：臉書。

　　大多數人在為使用臉書或類似的社群網站辯護時，會舉出它對社交生活的重要性。既然如此，我們就用這個策略來了解臉書對個人生活目標的好影響，是否真的值回票價。同樣的，我們以假想的目標和重要活動來檢視。

個人目標

與一群對我來說很重要的人保持緊密而有益的友誼。

支持這個目標的重要活動

1. 定期花時間與我最重要的人進行有意義的連絡
   （例如，深入談話、吃飯、一起活動）
2. 為了我最重要的人付出努力
   （例如，做出重大的犧牲以改善他們的生活）

不是每個人都會列出上述的目標和重要活動，但你應該會同意它們適用於許多人。現在，運用這個策略來檢視臉書對個人目標的影響。當然，臉書為你的社交生活提供各式各樣的好處，其中經常被提到的幾項為：你重新連絡上好久不見的人；你和認識、但不會經常見面的人保持輕度的連絡；你更容易監看人們生活中的重要事件（例如他們是否結婚、剛出生的寶寶長什麼樣子）；還有，你偶爾會發現符合你的興趣的線上社群或團體。

這是臉書所提供的無可否認的實質好處，但這些好處都未對我們列出的兩種活動提供顯著的好影響，因為這兩種都是非線上性質、需要投入許多努力的活動。因此，運用這個策略會得出一個也許出人意料、但很明確的結論：當然，臉書對你的社交生活有好處，但沒有一項好處重要到在這方面

對你有實質意義，足以當作占據你時間和注意力的理由。＊

　　坦白說，我並不主張每個人都應該停止使用臉書，但就這個特定而有代表性的案例來說，這個策略的建議是放棄臉書。不過我可以想像在其他狀況下，可能會得出相反的結論。例如，對一個大學新鮮人來說，建立新友誼，可能比維持既有的關係還重要。因此，支持他的社交生活目標的活動可能包括「參加許多活動、和許多不同的人交朋友」。如果這是你的重要活動，那麼像臉書這種工具將有顯著的好影響，所以應該使用。

　　再舉另一個例子，想想派駐海外的軍人，對他來說，與國內的朋友和家人保持頻繁的輕度連絡是優先項目，支持這個目標的最佳工具之一可能就是社群網站。

　　從這些例子可以明顯看出，要是應用這個策略，許多（但不是每一個）目前使用臉書或推特的人都應該放棄它們。談到這裡，你可能會抱怨讓少數活動來決定你是否使用這類工具太過武斷，例如，我們談過臉書對社交生活有許多好處，為什麼只因為它對我們認為最重要的少數活動沒有幫助就放

＊ 就是這種分析支持我不使用臉書。我從未加入臉書，所以我無疑錯過許多前面提到的小好處，但這並未絲毫影響我追求維持活躍而豐收的社交生活。

棄它？這裡必須了解的是，嚴格限制重要活動並非武斷，而是根據一個許多領域不斷驗證的概念，該概念橫跨的領域從客戶利潤、社會公平，到防止電腦程式當機等無所不包：

重要少數法則 *

在許多情況下，80%的結果是 20%的可能原因所造成。

舉例來說，那可能是 80%的企業利潤來自 20%的客戶，或 80%的國家財富來自 20%最富有的公民，或 80%的電腦軟體當機來自 20%已確認的病毒。這種現象有正式的數學根據（80／20 的比例是你預期影響的冪律分布——一種經常出現在現實世界的量化測量結果），但它最大的用處可能是提醒大家，在許多情況下，那些促成結果的因素分布得並不平均。

再往下談，讓我們假設這個法則對你的主要目標而言也成立。正如前面提到的，許多不同的活動都能對你的目標做出貢獻，不過，重要少數法則提醒我們，20%最重要的活動提供大部分的好處。假設你可以為你的生活目標列出 10 到

---

* 這個概念有許多不同的形式和名稱，包括 80／20 法則、柏拉圖法則，以及，如果你想賣弄一下的話，也稱作因素稀疏法則。

15 種有益的活動，這個法則告訴你，這些活動中最重要的兩到三項，也就是這個策略要求你聚焦的數量，將對你是否達成目標做出最多貢獻。

不過，即使你接受這個結果，仍然可能會反駁說，不應該忽視其餘 80% 可能有益的活動。這些較不重要的活動雖然不如最重要的兩三項，但它們仍然能提供一些好處，為什麼不讓它們留在組合中？只要不忽視更重要的活動，保留較不重要的選項也無傷大雅。

這種說法忘記了一個重點，即不管重要性如何，所有活動都會消耗你有限的時間和注意力儲備量。因此，如果你從事低影響活動，就用掉了原本可以花在高影響活動的時間。這是一個零和遊戲，而且由於投資在高影響活動的時間可以獲得的報酬遠高於低影響活動，你轉移越多的時間給後者，獲得的總好處就越低。

企業界了解這個概念，這就是公司放棄低生產力客戶的常見原因。如果他們 80% 的獲利來自 20% 的客戶，那麼把精力從低營收客戶轉向加強少量高營收客戶的服務，將讓公司賺更多錢。投資在高營收客戶所獲得的每小時營收，高於投資在低營收客戶。同樣的道理也適用於你的職業和個人目標。把花在低影響活動的時間（例如尋找臉書上的朋友），

轉投資到高影響活動（像是約一個好朋友吃午餐），你更能達成目標。因此，根據這個邏輯放棄一種網路工具，並不是忽視潛在的小好處，而是更善加利用你已經知道能獲得較大好處的活動。

回到我們一開始的討論，對葛拉威爾、路易士和派克來說，推特不屬於在他們寫作職涯中創造大部分成功的 20% 活動。雖然單獨來看，推特可能帶來一些小好處，但從他們整體職涯的觀點來看，不使用推特，進而把時間轉移到更有收穫的活動，更可能為他們帶來成功。你在決定要讓哪些工具占據你有限的時間和注意力時，應該採用同樣的審慎方法。

策略 2 ──利用「斷線實驗」篩選社群媒體

當尼克迪姆斯（Ryan Nicodemus）決定簡化他的生活時，他的首要目標之一是簡化他所擁有的東西。當時尼克迪姆斯獨自住在一間寬敞的三房公寓，多年來，在衝動的消費主義驅策下，他極盡一切能力填塞這個寬廣的空間，現在是時候從淹沒他的東西中收復他的生活了。他用的方法說起來很簡單，但就概念而言卻很激進。他花一個下午把他擁有的所有東西裝進紙箱中，好像準備要搬家。為了把他形容的「艱

鉅任務」變得容易些，他稱呼這是一場「包裝派對」，並解釋說：「只要是派對，一切就變得有趣多了，不是嗎？」

打包完後，接下來的一週，尼克迪姆斯照他的日常作息過生活。如果他需要用到已經打包的東西，就打開紙箱，把它放回以前的位子。一週之後，他注意到絕大部分的東西都還留在紙箱裡。

所以他把它們丟了。

生活會累積東西，部分原因是，我們在思考丟東西時很容易擔心：「如果將來需要這個東西呢？」然後用這種擔心當作保留的藉口。尼克迪姆斯的包裝派對提供他明確的證據，證明他大部分的東西都不是他需要的，支持他對簡約的追求。

━━━━━

上一個策略提供一個系統性的方法，運用重要少數法則，協助你開始整理目前占據你時間和注意力的網路工具。現在這個策略將提供你不同的方法以處理同一個問題，靈感則是來自尼克迪姆斯擺脫無用東西的做法。

更詳細地說，這個策略要求你針對目前使用的社群媒體服務，進行類似包裝派對的步驟，不過，你要做的不是「包裝」，而是停用它們 30 天，包括臉書、Instagram、Google+、推特、Snapchat、Vine，以及任何我寫本書以後才開始大行其道的其他服務。別正式退出這些服務，還有一點很重要，別在線上提到你將登出服務。如果有人用別的方法連絡你，問為什麼你完全停止在特定服務的活動，你可以解釋，但別主動告訴大家。

在斷線 30 天後，問自己關於你放棄的每一項服務這兩個問題：

1. **過去 30 天，如果我使用這項服務，我的生活會明顯更好嗎？**
2. **人們在乎我不使用這項服務嗎？**

如果這兩個問題的答案都是「不」，那就永遠放棄那項服務；如果你的答案是明確的「是」，就恢復使用那項服務。如果答案不明確，你可以自己決定是否要恢復，雖然我會鼓勵你考慮放棄，反正以後隨時可以重新加入。

這個策略特別針對社群媒體，因為在占據你時間和注意力的各種網路工具中，如果不加限制使用這類服務，很可能

破壞你對深度工作的追求。它們會在無法預期的時間傳送個人化的資訊，極容易成癮，這會嚴重傷害你安排好的時間表和嘗試專注的努力。因為這些危險，你可能認為應該有很多知識工作者會想完全擺脫這類工具，尤其是生計完全仰賴深度工作的人，如電腦程式設計師或作家。然而，讓社群媒體如此危險的部分原因是，這些靠吸引你的注意力而獲利的公司已經成功完成一項行銷政變：說服我們的文化，如果不使用他們的產品將錯過好東西。

擔心可能錯失好東西的心理，就好比尼克迪姆斯擔心將來有一天可能用上塞滿他櫥櫃的大量東西，這也是為什麼我會建議採用類似包裝派對的矯正策略。花一個月的時間斷絕這些服務，你可以用一劑真相的解藥，消除對可能錯過好東西——活動、談話和分享文化經驗——的恐懼。對大多數情況來說，這個真相將證明一件只有當你努力掙脫環繞這些工具的行銷訊息時，才能看清的事：它們在你的生活中並沒有那麼重要。

別公開你的 30 天實驗，因為對一些人來說，另一個促使人們緊抱社群媒體的幻覺是：大家都想聽你說話，如果你突然讓他們聽不到你的聲音，他們可能會大失所望。我的描述可能像是開玩笑，但這種心理確實很普遍，不能等閒視之。例如，在我寫本書時，推特使用者的平均追蹤者人數是 208

人。當你知道有超過 200 人自願聽你說什麼時，就很容易開始相信你在這類服務的活動很重要：「我是一個靠販賣概念給眾人維生的人。」我的經驗是──這是一種很容易上癮的感覺！

社群媒體時代的受眾確實存在一種不同於以往的現象，在這類服務誕生前，要建立朋友和家人以外的受眾群是一件既辛苦又競爭的事。例如，在 2000 年代初期，任何人都可以架設部落格，但若想要每個月都吸引到少數幾個訪客，就需要下功夫提供有價值到足以抓住人們注意力的資訊。我知道它的難度，我的第一個部落格設立於 2003 年秋季，很正經地稱作「激勵人心的標記」（Inspiring Moniker），用來省思我 21 歲大學生的生活。我不得不承認，有很長一段時間沒有人讀它，這麼形容一點也不誇張。在之後的 10 年間，我勤奮並辛苦地建立我目前的部落格「學習客」（Study Hacks），從每個月屈指可數的讀者慢慢增加到數萬人，我才學到在線上爭取人們的注意力是一件難之又難的工作。

但今日的情況已經改觀。

我認為，助長社群媒體迅速崛起的部分原因是，它切斷了「辛苦工作創造真正的價值」與「吸引人注意到你的獎賞」之間的關係。它以一種淺薄的集體替代品，取代了這種由來

已久的資本主義式的交換。如果你注意我說什麼，我就注意你說什麼，不管其價值如何。例如，臉書塗鴉牆上或推特推文常見的內容，如果出現在部落格、雜誌或電視節目上，一般而言不會吸引觀眾。但同樣的內容出現在臉書或推特這類服務的社交互動中，則很容易吸引按讚或評論形式的注意。這種行為背後心照不宣的協議是，為了回報你從朋友或追隨者得到（大部分情況是不值得給的）注意，你也會慷慨給予他們（也同樣不值得給的）注意。你在我臉書更新的動態按「讚」，我也回報你「讚」，這種協議給每個人自我感覺重要的假象，而不要求付出努力。

不公開宣布你將停用這些服務，可以測試你作為內容製造者的真相。對大多數人和大多數服務來說，結果可能很發人深省——除了你最親近的朋友和家人之外，甚至沒有人注意到你不在線上。我知道談論這個主題會讓人誤會心存惡意，但我不得不談，也沒有別的方式。因為對這種自我感覺重要的追求，促使人們不假思索地繼續分裂自己的時間和注意力。

當然，30 天的實驗對一些人來說可能很難，會製造出許多問題。如果你是大學生或線上重要人物，這種戒除會帶給你不便，也會引起注意。但我想，對大多數人來說，實驗的結果如果不是讓你大幅度改變你的網際網路習慣，就是讓你

對社群媒體在你日常生活扮演的角色有更真切的認識。

這類服務未必像其廣告說的，是現代網路世界的命脈。它們只是產品，由私人企業開發，獲得龐大的資金挹注，透過審慎的行銷，目的是為了吸引你，並把你的個人資訊和注意力賣給廣告主。它們可能好玩，但在你的生活規畫和你想追求的目標中，是無足輕重的消遣，是阻止你獲得更深刻東西的分心事物。也許社群媒體是你目前生活的重心，但除非你體驗過沒有它的生活，否則你無法知道是不是真的如此。

策略 3 ──別用網際網路來娛樂自己

貝內特（Arnold Bennett）是出生於 19 世紀末的英國作家，正當英國經濟動盪時期，工業革命已如火如荼展開數十年，為大英帝國蓄積了龐大的剩餘資本，足以創造一個新階級：白領勞工。當時的人可以一週在辦公室工作固定時數，以交換一份足以養家的穩定薪水。這種生活方式有點類似我們這個時代，但對貝內特和當時的人來說，它還很新，而且在許多方面充滿不幸。貝內特主要關心的事是，這個新階級錯過了原本可以過圓滿生活的機會。

「舉一個在辦公室工作的倫敦人為例，他的工作時間從早上 10 點到下午 6 點，早上和傍晚各花 50 分鐘從他家門口走到辦公室門口。」貝內特在他 1910 年出版的書《如何度過一天 24 小時》（*How to Live on 24 Hours a Day*）中寫道。他說，扣除與工作有關的時間，這位倫敦上班族只剩 16 小時多一些。對貝內特來說，這些時間很多，可惜大多數處在這種情況的人不了解它的潛力。他解釋說，這個人在一天中所犯的大錯是，雖然他並不特別喜歡他的工作，只把它視為必須「應付」的東西，但是，「他堅持把從 10 點到 6 點的時間當作『一天』，之前的 10 個小時和之後的 6 小時只不過是前奏和收場。」貝內特譴責這種態度「極度不合理且不健康」。

那麼，替代方法是什麼？貝內特建議他的樣板人物，把這 16 小時視為「一天中的一天」，並解釋說：「他在這 16 小時是自由的，他不是受薪者，不必為錢的事操心，他和坐領投資收入者沒有兩樣。」他應該像貴族那樣利用這些時間，積極追求自我提升，據貝內特的想法，這主要包括閱讀大量文學和詩詞。

貝內特在一個世紀多以前就寫到這些問題。你可能會認為，這麼多年來，歷經全世界中產階級人口爆炸，我們對休閒時間的觀念已經進化，但事實並非如此。舉例來說，隨著

網際網路和它支持的低品味注意力經濟的興起，每週工作 40 小時的一般員工（尤其是我這一輩熟悉科技的千禧世代），休閒時間的品質不升反降，主要充斥著種種大同小異、令人分心的數位娛樂。如果貝內特今日復活，他可能會對人類在這方面的發展毫無進步感到絕望。

老實說，我對貝內特的建議背後的道德根據不感興趣，閱讀詩詞與偉大著作、提升中產階級心靈與心智的觀念，聽起來有點過時和階級歧視，但他建議的邏輯基礎在今日仍然適用——你應該、而且能夠善用工作以外的時間。尤其是對本章討論的目標，降低網路工具對你深度工作能力的影響而言。

更詳細地說，截至目前為止，我們還沒有花很多時間討論一種與阻礙深度工作特別有關的網路工具——專為吸引並留住你的注意力越久越好而設計的娛樂性網站。在寫本章時，最受歡迎的這類網站包括「哈芬登郵報」（Huffington Post）、「商業內幕」（Business Insider）、BuzzFeed 和 Reddit。這份清單無疑會不斷改變，但這類網站共同的特點是，使用精心設定的標題和容易閱讀的內容，通常以運算法修飾，以吸引最多的注意。

一旦你點進這類網站的一篇文章，網頁側邊或底部的連

結便引誘你點選另一篇，然後又一篇。心理學的每一種花招，從標題「流行」或「趨勢」的字眼到搶眼的照片，都被用來留住你的注意。例如，此刻 BuzzFeed 最受歡迎的一些文章，包括〈17 個字母倒過來拼，意義完全不同的字〉和〈33 隻叫我第一名的狗〉。

這些網站在工作日結束後特別有害，因為你可以自由支配時間，它們很容易變成你休閒時間的中心。如果你正在排隊或是等吃晚飯，或者正在等待電視節目的精彩情節，它們會提供你一支確保消除任何無聊的認知拐杖。不過，正如我在原則二談到的，這種行為很危險，它會削弱你的心智抗拒分心的能力，讓你在之後需要深度工作時難以保持專注。更糟的是，這些網路工具還不需要你註冊，不能藉由退出，從你的生活中去除，因此前兩種策略派不上用場。它們唾手可得，距離你只有一個點擊之遙。

幸好貝內特在 100 年前就找到解決這個問題的方法：多想一想你的休閒時間。換句話說，這個策略建議，在休閒時，別自動把時間花在吸引你注意的東西，先想想你要如何利用這「一天中的一天」。這些讓人成癮的網站會流行的原因是空虛，如果你在特定時間不給自己一些事情做，它們永遠是一個誘惑的選項。如果你以更有品質的事情填補空閒，它們對你的掌控就會鬆動。

因此，很重要的是，你必須先想好要如何利用晚上和週末的時間。善加安排的興趣能提供這些時間養分，用有具體目標的具體行動來填補空閒。當然，貝內特建議每天晚上照進度閱讀經過選擇的書籍，也是不錯的選項，運動或享受與人（面對面）相處的時光也是。

　　在我自己的生活中，雖然教授、作家和父親的身分都對我的時間需索極大，我仍然會想辦法閱讀大量的書籍。平均來說，我會同時讀三到五本書，我有辦法做到這件事，是因為我在小孩就寢後，最喜歡的休閒活動之一就是讀有趣的書。我的智慧型手機和電腦，以及它們能提供的分心事物，通常從工作日結束到第二天早上都被擱在一邊。

　　你可能會擔心，給自己的休閒時間增添這種規畫會違背放鬆的目的，因為許多人認為休閒就是要免除任何計畫或義務。事先規畫晚上的活動，不會讓第二天工作時無法恢復活力嗎？貝內特料到會有這種抱怨，他認為，這種擔心誤解了讓人充滿活力的原因：

> 什麼？你說讓那 16 小時充滿活力會減損上班 8 小時的價值？並不會。正好相反，這會增進上班 8 小時的價值。我舉例的樣板人物必須學習的重要事情之一是，心智機制有能力從事持續的辛苦活動，不像

手臂和腿會疲倦。它們要的是改變，而不是休息，
除了睡眠以外。

根據我的經驗，這種分析一針見血。如果你讓心智在醒
著的時候都做有意義的事，你在一天結束時會感到更充實，
第二天會更放鬆，勝過你一連幾個小時讓心智處於半清醒而
沒有計畫的網路漫遊。

總結而言，如果你想戒除讓娛樂網站占據你時間和注意
力的癮頭，那就給你的大腦高品質的替代品。這不但能維護
你抗拒分心和保持專注的能力，還可能讓你實現貝內特崇高
的目標，也許是你以前未曾有過的——體驗生活的意義，而
不只是活著。

RULE 4

排除淺薄事務

2007 年夏季，軟體公司 37signals（也就是現在的 Basecamp）展開一項實驗：將五天的工作日縮短為四天。他們的員工似乎能在少一個工作日的情況下做同樣多的工作，所以他們決定永久實施這項改變，每年 5 月到 10 月，37signals 員工只需要在週一到週四工作（顧客支援部門除外，每週仍然營運五日）。公司辦公人員佛列德（Jason Fried）在部落格貼文談到這個決定：「人們應該享受夏日的天氣。」

過沒多久，商業媒體開始出現批評的聲音。佛列德宣布公司每週工作四天的幾個月後，新聞記者韋斯（Tara Weiss）在《富比士》寫了一篇批評文章，標題為〈為什麼每週工作四天行不通〉，她總結對這種策略的質疑如下：

把 40 小時擠進四天未必是有效的工作方法。許多人
發現，一天工作 8 小時已經夠辛苦了，要求員工多
工作 2 小時可能導致士氣與生產力下降。

佛列德迅速回應，在一篇標題為〈《富比士》誤解每週
工作四天的重點〉的文章中，他先同意韋斯的前提，把 40
小時擠進四天對員工是沉重的負擔，但他澄清，這不是他的
用意。「每週工作四天的重點是做更少的工作，」他寫道，
「不是每天工作 10 小時，而是四天正常地工作 8 小時。」

乍聽之下可能讓人感到困惑，佛列德先前宣稱，他的員
工四天內做完的工作抵得上五天。不過，現在他宣稱他的員
工工作時數變少。這兩種說法可能都對嗎？差異就在於淺薄
工作的角色。佛列德解釋說：

很少人能一天工作 8 小時。你在開會、被打斷、瀏
覽網路、勾心鬥角和私人事務這類在工作日很尋常
的事情中間，能工作幾個小時就已經很幸運了。

減少正式工作時數有助於從工作週中擠出精華。一
旦每個人只有較少時間把正事辦好，他們會更尊重
工作時間。員工變得對他們的時間更小氣，而這是
好事，他們不浪費時間在無關緊要的事。如果你的

時間較少，通常你會更善加利用。

換句話說，37signals 每週減少工作時間，其減少的淺薄工作遠多於深度工作，由於後者大致不受影響，所以仍能完成重要事項。平時看來似乎很緊急的淺薄工作，出乎意料地其實可有可無。

對這個實驗的自然反應之一是，如果 37signals 再更進一步會有什麼結果。如果減少淺薄工作的時數對達成的績效毫無影響，那麼，要是不僅減少淺薄工作，還以更多的深度工作取代省下來的時間，又會如何？所幸這家公司很快地又把這個大膽的構想付諸實現，讓我們的好奇心得到滿足。

佛列德向來對 Google 等科技公司的政策感興趣，Google 給員工 20% 的時間做自己擬定的專案，雖然他喜歡這個構想，但從忙碌的一週中撥出一天仍嫌不足，因為要創造真正的突破，需要不間斷的深度工作。「我寧可把五週的五天集中變成連續的五天。」他解釋說：「所以我們的想法是，給人們一段不被打斷的較長時間，得到的結果會更好。」

為了測試這個構想，37signals 採取相當激進的做法，這家公司讓員工整個 6 月放假，以深入研究他們自己的專案。這整個月是一段免除淺薄工作義務的時間，沒有進度會議、

沒有備忘錄，以及謝天謝地沒有 PowerPoint。到了月底，公司舉行「推介日」，讓員工推介他們研究的創意。佛列德在《企業》（*Inc.*）雜誌的文章中總結這個實驗，宣稱大獲成功。推介日帶來兩個很快開始生產的專案：一套更好的顧客支援工具，以及一套協助公司了解顧客如何使用產品的資料視覺化系統。37signals 預期這些專案將為公司帶來重大價值，但如果僱主沒有提供員工不受干擾的深度工作時間，這些專案幾乎確定不會誕生。要發掘出這些專案的潛力，需要數十小時不中斷的努力。

「我們怎麼負擔得起讓營運停止一個月，『浪費時間』在創意上？」佛列德反過來問：「我們怎麼負擔得起不這麼做？」

━━━━━

37signals 的實驗凸顯一個重要的事實：那些越來越常支配知識工作者的淺薄工作，現在看來其實並沒有那麼重要。對大多數企業來說，取消大部分的淺薄工作，營運績效很可能不受影響。而且正如佛列德的發現，如果不僅取消淺薄工作，還以更多的深度工作取代省下來的時間，企業不僅可以持續運作，而且可能更成功。

這個原則就是把這種思維應用在個人的工作生活上。以下介紹的策略是為了協助你嚴格區別你的淺薄工作，盡可能減少它們，留下更多時間給重要的深度工作。

不過，在細談這些策略前，我們得先面對這種反淺薄的思維有其限度。深度工作的價值遠超過淺薄，但這並不表示你必須不切實際地把所有時間都投資在深度工作。首先，大多數知識工作的職務需要不少淺薄工作才能維持，你也許可以避免每十分鐘檢查一次電子郵件，但不可能不回覆重要訊息。換句話說，我們應該把這個原則的目標訂為：減少日程表上的淺薄工作，而非消滅它。

還有一個問題是認知能力的極限，深度工作很消耗精神，因為會把你推向能力的極限。績效心理學家曾深入研究個人在一定時間內能持續做多少事。* 艾瑞克森和他的同僚在刻意練習的論文中談到這些研究，他們指出，對這類練習的生手來說，每天一小時是合理的極限；對已經習慣嚴格練習的老手，極限可能拉長到約四小時，但很少能更久。

---

* 這個研究探討的是刻意練習，與深度工作的定義有很高、但不完全的重疊。就本書的目的來說，深度工作屬於高認知需求的工作，刻意練習則是這類工作中具有代表性的一種。

重點在於，一旦達到一天的深度工作極限，如果嘗試再多做一些，成效就會降低。因此，只要你一天安排的淺薄工作不會排擠到最大限度的深度工作，就不至於造成損害。你可能會覺得這應該很容易，一般的工作日是八小時，就算是能力最強的深度工作者，也很難在真正深度狀態超過四小時，所以你可以安全地把半個工作日用在淺薄工作。但這種分析的危險是，這段時間很容易被消磨掉，尤其考慮到會議、約談、電話和其他例行事務的影響。對許多職務來說，這類事務的耗費，可能讓你只剩下短得出奇的時間能夠不受打擾地工作。

例如，我的職務是教授，傳統上較少受這類事務的影響，但即使如此，雜事仍占據我時間的一大部分，特別是在學年期間。隨便拿我上學期日程表上的一天為例，我從 11 點到 12 點開會，1 點到 2 點半又是另一場會議，然後 3 點到 5 點教課。這個例子裡，我八小時的工作日只剩下四小時，即使我壓縮其餘的淺薄工作（電子郵件等）到半小時，仍然達不到每日深度工作四小時的目標。換句話說，儘管我們沒辦法整個工作日都沉浸在幸福的深度中，但這並未解除我們應該減少淺薄工作的迫切性，因為一般知識工作者的工作日比人們想像的更支離破碎。

總結而言，我建議你以懷疑態度看待淺薄工作，因為它

的危害往往被大幅低估，而重要性則被大幅高估。淺薄工作是無法避免的，但你必須限制它，不能讓它影響你充分發揮深度工作的能力，因為深度工作才是最終決定你創造的價值的關鍵。接下來的策略將協助你達成這個目的。

策略 1 ——安排工作日的每一分鐘

如果你介於 25 歲到 34 歲，住在英國，你看的電視可能比你想像的多。2013 年英國電視監管當局調查人們看電視的習慣，這項調查估計，25 歲到 34 歲年齡層的受調者，每週花 15 到 16 小時看電視。這聽起來好像很多，但實際上是嚴重低估的數字。我們知道低估是因為，我們有反映真正情況的資料。英國廣播受眾研究會（BARB）在代表樣本的家庭中安裝計時器，客觀地記錄人們實際看電視的時間，結果發現自認每週看電視 15 小時的 25 歲到 34 歲年齡層，實際看電視的時間約 28 小時。

錯估時間，不只出現在英國人看電視的習慣，在各式各樣的自我行為評估中，總是看得到類似的錯估。在一篇談論此一主題的《華爾街日報》文章中，商業作家范德康（Laura Vanderkam）指出更多這類的例子。美國國家睡眠基金會

（NSF）調查，美國人自認平均每晚睡約 7 小時，但實際測量美國人睡眠的「美國人時間使用調查」糾正這個數字應該是 8.6 小時。另一項調查發現，宣稱每週工作 60 到 64 小時的人，平均每週工作可能只有 44 小時；而宣稱工作超過 75 小時的人，實際上工作不到 55 小時。

這些例子凸顯一個重點，我們每天花很多時間在「自動駕駛」上，卻不去思考我們怎麼利用自己的時間。這是一個問題。如果你不堅持保持深度工作與淺薄工作的平衡，養成習慣在行動前停下來自問：「現在做什麼最好？」你將很難避免無關緊要的事悄悄占據時間表的每個角落。下面介紹的策略，目的就是強迫你採取行動。剛開始你可能會覺得這個概念很極端，但很快的，它將證明對你追求深度工作創造的價值而言是不可或缺的：安排你一天的每一分鐘。

———

我的建議如下：在每個工作日開始時，翻開專為這個策略而準備的橫線筆記本新的一頁，在左側由上而下將每一行標示為一天的一小時，涵蓋你工作日的所有時間。接著是重點，把工作日切出數個時段，指定每個時段的工作。例如，你可能切出上午 9 點到 11 點，指定在這段時間寫一家客戶的新聞稿。你就畫一個方塊，把對應這段時間的三行框起來，

在方塊上寫「新聞稿」。不是每個時段都需要指定工作，有些時段可能用於午餐或休息。

為了保持乾淨清爽，時段最少應該要有 30 分鐘，占頁面上的一行。這表示，不要把當天的每一項小任務，例如回覆上司電子郵件、填退費表、問卡羅有關報告的事等，都畫一個小方塊，你應該把小任務集中成更概括性的工作方塊。這時候，你可以用一個輔助的方法，從一個工作方塊拉出一條線到頁面右側的空白處，在那裡列出你準備在那個時段完成的所有小任務。

完成工作日的時間安排後，每一分鐘應該都會屬於一個時段。事實上，你已經安排好工作日的每一分鐘，每一分鐘都有事要做。這一天就以這份時間表來指引你工作。

當然，大多數人會立刻碰上問題。從工作日一開始，你的時間表可能（通常都會）出現兩個問題：第一是你可能估計錯誤，例如，你可能計劃以兩個小時寫新聞稿，實際上卻花了兩個半小時。第二個問題是，你會被打斷，新的任務出乎意料地出現在你的工作時段中，這類事情也可能打亂你的時間表。

這不是大問題，如果你的時間表被打亂，那你應該一有

機會就花數分鐘修改其餘時間的安排。你可以換新的一頁，也可以擦掉方塊，重畫時段，或者照我的方法做：在舊方塊上打叉，然後在右側重畫新方塊（我都畫窄窄的方塊，才有空間做修改）。有些時候，你可能需要修改五六次。別因為這種情況而氣餒，你的目標不是不計代價堅守時間表，而是隨時都清楚知道你接下來要做什麼，即使這些決定隨著一天過去而一再被修改。

如果你發現修改時間表的頻率讓你不勝負荷，有幾個技巧可以讓它穩定些。第一，你應該認清，你永遠會在一開始低估大部分事情需要花的時間。剛開始培養這種習慣的人，往往一廂情願地擬定時間表，以最佳情況設想他們的一天。但慢慢的，你應該可以更精確地（甚至略微保守地）預估工作所需時間。

第二個技巧是，利用「溢位條件式方塊」。如果你不確定一項工作要花多少時間，就先畫上預期的時間方塊，再增添一個額外的方塊。如果需要更多的時間，就利用額外的方塊來繼續完成它。不過，要是你準時完成這項工作，就為額外的方塊分派另一個用途，例如一些不緊急的任務。這讓你得以順應一天中無法預測的事，而不需要一直修改畫在紙上的時間表。以寫新聞稿為例，你安排兩個小時寫新聞稿，但再增添一小時的方塊，如此一來，有需要時就可以繼續寫新

聞稿，不需要時則分派用來檢查與回覆電子郵件。

我建議的第三個技巧是，更自由地使用你的工作方塊。為你的工作方塊分配較長的時間，比你預期完成一項工作所需的時間還長。典型的知識工作者一天會有許多事情發生，有一些時段可以用來處理意外，會讓事情更順利。

————

在你執行這個策略前，我得先解決一個常見的反對意見。根據我推薦這個方法的經驗，我發現許多人擔心這種規畫會變成綁手綁腳的負擔。例如，一位名叫喬瑟夫的讀者在我寫到這個主題的部落格文章底下評論：

> 我想你太低估不確定因素的影響……讀者若太認真採用這個方法，與時間表建立強迫性且不健康的關係，導致過度誇大計算時間的重要性，超過對工作的投入，而後者正是我們所談的，藝術家的方法往往是真正明智的方法。

我了解這種顧慮，而且喬瑟夫當然不是第一個提出的人。不過，這也很容易解決，我每天安排時間表時，除了例行安排沉思和討論的長時段外，還有一個原則是：如果我有

重要的發現，那就是完全正當的理由，可以忽視當天其餘的安排（當然，不能省略的工作除外）。因此，我可以繼續探索意外的發現，直到失去動力，這時候，我再退回來為一天剩下的時間重建時間表。

換句話說，我的時間表不但容許、還鼓勵即興的改變。喬瑟夫把時間表的目的，誤解為強迫你按照僵硬的計畫行事。時間表的目的不是束縛，而是深思熟慮。這是一種簡單的習慣，迫使你持續花片刻思考你的一天，自問：「其餘的時間做什麼最好？」這種習慣要求的是結果，而不是堅持。

我甚至認為，這種結合安排所有時間、必要時順應或修改計畫的方法，更能讓你體驗創意。如果你任由一天的時間流逝而未加管理，很容易讓你的時間流於淺薄，電子郵件、社群媒體、瀏覽網路……這類淺薄行為雖然可以滿足一時，但不會帶來創意。另一方面，透過組織你的時間，你可以隨時調度時段以探索一個新構想、深入思考有挑戰性的事，或是在固定的時段進行腦力激盪，這些都是較可能激發創新的深度工作。（回想我在原則一談到，許多偉大的創新思想家都遵循固定的儀式。）因為你願意在新構想出現時放棄你的計畫，當謬斯駕臨、帶來靈感時，你也已經做好準備。

總結而言，此策略的目的在於認識這一點：建立深度工作的習慣需要你慎重看待你的時間。培養這種慎重看待的第一步就是：安排工作日的每一分鐘要做什麼。剛開始你會抗拒這種做法，是自然的反應，因為任由內在的隨興與外在的要求來支配你的時間，肯定容易得多。但如果你想發掘自己創造價值的潛力，就必須克服對這種管理方法的不信任。

策略 2 ──量化每一種活動的深度

安排每日時間表的好處之一是，你可以事先決定要花多少時間在淺薄工作上。不過，在實務中要做到這一點並不容易，因為你不確定一項工作究竟有多淺薄。為了加強對這個挑戰的認識，讓我們回想前言中介紹的淺薄工作的定義：

淺薄工作

非高認知需求、偏向後勤的工作，往往在注意力分散的狀態中執行。這類工作通常無法創造多少新價值，而且很容易模仿。

有些工作明顯符合這個定義，例如檢查電子郵件或安排一場視訊會議，它們的性質無疑屬於淺薄。但有些工作的屬

性較模糊，例如以下的工作：

1. 草擬一篇你和同事即將要投稿給一家期刊的學術文章
2. 製作一份本季銷售數字的 PowerPoint 簡報
3. 開會討論重要專案的最新進度和下一步

這些工作的分類乍看之下並不明確，頭兩項任務可能很費功夫，最後一項似乎對推動重要專案來說很重要。這個策略的目的是提供你精確的標準，以解決這種模稜兩可的狀況。你可以清楚知道一項任務落在淺薄／深度尺規的何處，要做到這一點，只要問一個簡單明確的問題來評估各種活動：

訓練一個聰明、未受過專業領域訓練的大學畢業生，完成這項工作需要多久（幾個月）時間？

為了具體說明這個方法，我們把問題套用到上述難以定義的工作：

工作 1 的深度分析

要寫好一篇學術文章，需要了解工作的細節，才能確定敘述的內容是否正確無誤，以及閱讀廣泛的文獻紀錄，才能了解引述的內容是否恰當。這需要擁

有特定學術領域的最新知識，在專科化的時代，是一項需要研究所以上程度、花多年時間辛苦研究的工作。因此就這個例子來說，答案是很長的時間，也許需要 50 到 75 個月。

工作 2 的深度分析

第二個例子分析後數字不高。製作公司每季銷售數字的 PowerPoint 簡報需要三樣東西：第一，知道如何製作 PowerPoint 簡報；第二，了解公司每季績效說明簡報的標準格式；第三，了解公司追蹤的銷售指標，並將之轉換成適當的圖表。

我們可以假設，一個大學畢業生已經知道如何使用 PowerPoint，而學會公司簡報的標準格式需要的時間不超過一週。因此，最大的問題是，要了解公司追蹤的指標、哪裡可以蒐集數據、如何整理並轉換成適當的圖表，這不是輕鬆的工作，但對聰明的大學畢業生來說，只要再花不超過一個月的訓練就能辦到。所以保守的答案是兩個月。

工作 3 的深度分析

會議很難分析，有時候會議很繁瑣，但往往也在組織最重要的活動中扮演關鍵角色。這個方法有助於穿透表象。訓練一個聰明的大學畢業生取代你在一

場例行會議中的角色，需要多久時間？他必須充分
了解這個專案、知道專案的進程和參與者的技術，
也需要知道組織中的人際動態，以及這類專案如何
執行的事實。

這時候，你可能想知道，這個大學畢業生是否需要
具備這個專案相關的專業背景。對參加例行會議來
說，可能不需要。這類會議很少深入實質內容，談
的往往都是小事，參與者會試圖在會議中做出許多
實際上並不需要的承諾。給一個剛出爐的聰明大學
畢業生三個月的學習時間，他就能在這種閒談場合
取代你。因此，此處的答案是三個月。

這種分析的用意是「思想實驗」，我不是要你僱用大學
畢業生來做這些工作，但它提供的答案可以幫助你客觀量化
各種活動的淺薄或深度。如果你想像一個大學畢業生需要許
多個月的訓練才能承擔一項任務，就表示這項任務得運用得
來不易的專業。正如前面提到，需要專業知識的任務往往是
深度工作，並提供雙重的利益：單位時間內投資報酬率較高，
而且能增進你的能力。另一方面，如果是大學畢業生很快就
能學會、不需要專業知識的任務，就可以視為淺薄工作。

要如何運用這個策略？當你知道每一種活動落在深度／
淺薄尺規的何處，就以偏向深度的為優先。例如，在上述的

例子中，第一項工作就是你應該優先安排時間的項目，第二項和第三項則是應該減少的活動類型，它們看似有生產性，但其實投資報酬率很低。

當然，把優先目標從淺薄轉向深度並不容易，即使你知道如何正確判斷哪些工作需要多投入。這帶我們來到下一個策略，它將提供完成這個困難目標的具體指引。

策略 3 ── 確認淺薄工作的時間比率

有一個很少被問到的問題：「我花在淺薄工作的時間應該占多少比率？」

你應該要問這個問題，如果你有上司，不妨和他討論。（你可能必須先向他解釋淺薄和深度工作的定義。）如果你是為自己工作，也應該問自己這個問題。不管是哪一種情況，得出明確的答案，接著才是重點：遵守這個比率。（前一個策略和下一個策略，可以幫助你達成這個目標。）

對大多數從事非初階知識工作職務的人來說，這個問題的答案會介於 30 ～ 50％。一般人的心理會排斥花大部分時

間在非技術任務上，因此 50％是自然的上限；另一方面，大多數上司會擔心，如果比率低於 30％太多，你會變成鑽研大思想、但從不回覆電子郵件的知識工作隱士。

為遵守這個時間比率，可能需要改變你的行為，你會被迫向充滿淺薄工作的專案說不，同時也會積極減少既有專案的淺薄工作量。這個比率可能導致你放棄每週一次的進度會議，轉而採用成果導向的報告。（「等你有重大進展時告訴我，我們再來談。」）它也可能促使你開始在早上時間斷絕通訊，或發現迅速而詳細地回覆每一則傳入收件匣的電子郵件副本，並沒有想像中那麼重要。

這些改變都有助於讓深度工作成為你工作生活的核心。它不要求你改變重要的淺薄工作——改變重要的淺薄工作將造成問題和怨恨——你仍然會花很多時間在這類事務上，但它確實能迫使你嚴格限制在不知不覺中排入時間表的非緊急義務。這種限制能為你節省時間，讓你不間斷地投入深度工作。

這些決定要從與你的上司討論開始，這種協議可以得到來自工作單位的默許和支持。如果你是為某個人做事，在你拒絕或調整一項義務，以減少淺薄工作時，有了事前的協議，你就可以為這些做法辯護，因為這麼做對你達成工作目標是

不可或缺的。

正如第二章談到的，知識工作一直存在大量淺薄工作的部分原因是，我們很少正視時間表中這類工作的總體影響。我們在做淺薄工作時，往往是單獨評估它，這種觀點會讓每一項淺薄工作看起來都必要且理所當然。前一個策略讓你得以看清這種影響，現在你可以自信地對上司說：「這是我上週花在淺薄工作的時間比率。」面對這些數字和它們釐清的經濟事實（例如，讓受過良好訓練的專業人士每週花 30 小時收發電子郵件和開會，是極其浪費的事），上司自然會有結論。你必須對某些事情說不，對另一些事情更精簡些，即使這會讓上司或你自己、你的同事感到不便。但企業的目標終究是創造價值，而不是讓員工的日子過得盡可能方便。

如果你是為自己工作，這個練習將迫使你面對一個事實：在你忙碌的時間表中，真正能創造價值的時間其實很少。這些具體數字將提供你信心，你可以開始刪減占據你時間的淺薄活動。如果沒有這些數字，創業家將難以對任何可能帶來回報的機會說不。你會告訴自己：「我必須上推特！」「我必須保持活躍的臉書能見度！」因為如果單獨來看，對這些活動說「不」會讓你好像在偷懶。但藉由篩選和堅持淺薄／深度的比率，你可以捨棄這種罪惡感驅動的無條件接受，代之以更健康的方法：限制淺薄工作只占用你小部分的時間和

注意力；善用這些時間，你能接觸許多機會，但保留大部分的時間和注意力給最終能推動事業往前邁進的深度工作。

當然，當你問上司這個問題時，永遠有可能得到出乎意料的答案。沒有上司會直接回答：「你的時間應該百分之百做淺薄工作！」（除非你剛入門，那你得先暫緩這個做法，直到累積足夠的技術，可以在你的職責上增添深度工作。）但上司可能會拐彎抹角說：「在任何時候，你都必須迅速完成我們要你完成的任何淺薄工作。」在這種情況下，這個答案仍然有幫助，因為它告訴你，這不是一個支持深度工作的職務，而不支持深度的職務，就不是能協助你在當前的資訊經濟中成功的職務。此時你應該謝謝上司的意見，然後開始計劃如何轉換到一個重視深度的新職務。

策略 4 ──在五點半前結束你的工作

在我開始寫下這些文字之前的七天，我參與了 65 次不同的電子郵件互動。在這 65 次互動中，只有五封電子郵件是在下午 5 點半後寄出。這些統計數字首先反映的事實是，除了少數例外，我不在 5 點半後寄電子郵件。其次反映的是，由於電子郵件與工作的關係已變得如此密不可分，所以我的

行為暗示了一個更驚人的事實：我不在下午 5 點半後工作。

　　我稱呼我堅持的這種做法為「固定時間表」。我設定明確的目標，在某個時間點以後就不工作，然後以回溯的方式，尋找可以達成這個目標的生產力策略。我已經執行這個策略超過五年了，它是我建立以深度工作為核心，並且有生產力的職業生涯的關鍵。在後面章節裡，我將嘗試說服你也採取這種策略。

————————

　　在介紹這個策略之前，我先說明，根據主流的看法，這種方法在我工作的學術界應該行不通。教授的工作，尤其是資淺的教授，向來以挑燈夜戰和週末加班的繁重工作惡名遠播。舉一位我姑且稱為湯姆的年輕電腦科學教授為例，湯姆 2014 年冬天在部落格張貼一篇文章，列出不久前的一天，他在辦公室工作 12 小時的時間表，其中包括五次不同的會議，還有 3 小時的管理工作——處理一大堆電子郵件、填寫制式表格、整理會議筆記、開會討論未來計畫。根據他的估計，整整 12 小時中，他只花一個半小時坐在他的辦公室處理正事，也就是他定義為「會有成果的研究」。難怪湯姆感覺被迫必須在標準工作日以外的時間做大量工作。「我已經接受我必須在週末工作的事實。」他在另一篇貼文中做結論：

「很少資淺教職員能逃過這種宿命。」

不過，我逃過了。我不在晚上工作，週末也很少工作，但從 2011 年秋季來到喬治城，到 2014 年秋季開始寫本章之間，我已經發表約 20 篇備受引述的文章，也兩度贏得競爭激烈的研究經費、出版一本非學術著作，並且即將完成另一本（你正在閱讀的書）。我仍能避開學術界眾多的湯姆視為無可逃避的繁重時間表。

該怎麼解釋這個謎？我們可以從一位職涯進階一帆風順、成就更勝於我的學者，找到令人信服的答案，她就是哈佛大學電腦科學系教授納格帕（Radhika Nagpal）。納格帕在 2013 年發表的一篇文章宣稱，讓教授在終身職進階路上深以為苦的壓力大部分是自找的。「在研究型大學，追求終身職的生活有著許多駭人的迷思和可怕數據。」她說，並且解釋為什麼最後她決定不顧一般人的看法，「刻意做一些讓我保持快樂的事。」這些刻意的努力讓納格帕非常享受獲得終身職前的時光。

納格帕繼續細數幾種做法，其中有一種方法聽起來特別熟悉。納格帕承認，她在學術生涯初期嘗試把上午 7 點到午夜的空閒時間排滿工作（因為她有孩子，晚上的時間特別支離破碎）。不久之後，她判斷這個策略無法長久持續，所以

她設定每週 50 小時的上限，然後回頭決定需要哪些原則和習慣來達成這個限制。換句話說，納格帕也採用固定時間表。

這個策略並未傷害她的學術職涯，她按照計畫獲得終身職，並且在三年後晉升正教授，這是令人刮目相看的速度。她怎麼辦到的？根據她的文章，她執行固定時間表的主要技巧之一是，嚴格限制學術生活中淺薄工作的主要來源。例如，她每年只出差五次，因為出差會製造大量的緊急淺薄義務，從安排住宿到寫報告。每年出差五次聽起來很多，但對學者而言不算過分。為了強調這一點，納格帕在哈佛電腦科學系的前同事威爾許（Matt Welsh；他現在為 Google 工作），曾在部落格貼文說，典型的資淺教職學者每年要出差 12 次到 24 次之多。（想像納格帕減少出差省下的淺薄工作有多少！）限制出差只是納格帕控管工作日的數個方法之一（其他例子像是，她也限制每年評審的論文數量），這些方法的共通點就是嚴格限制淺薄工作，同時維護最終決定她職涯發展的深度工作——即原創性的研究。

回到我自己的例子，類似的堅持讓我得以成功運用固定時間表。我也極度小心使用最攸關生產力的危險用語：「好」。要說服我答應做淺薄工作非常困難，如果有人要求我參與非絕對必要的大學事務，我會用我從系主任學到的防衛技巧：「等我拿到終身職再說吧。」

另一個對我來說管用的技巧是明確的拒絕，但模糊地解釋拒絕的原因。避免提供太多細節，是為了不讓對方有機會化解它。例如，我回絕了一個很花時間的演講邀請，理由是我在大約同一時間已經安排出差，我不會提供細節，因為對方可能會提議以另一種方式配合我的既定義務。我只會說：「聽起來不錯，但因為時間衝突沒辦法。」在拒絕提議時，我也不會衝動地提供幾乎會耗掉同樣時間的安慰獎，例如，「抱歉我不能加入你們的委員會，但我很樂於看看以後你們有什麼提案，並提供我的意見。」明確的拒絕最好。

除了小心避免增加義務外，我對管理時間也絲毫不鬆懈。每天的時間有限，我負擔不起讓重大的截止期限在不知不覺中迫近，或是因為未善加規畫而把早上浪費在無關緊要的事情上。固定時間表有著嚴格的工作日時限，讓我工作時保持敏銳，如果沒有迫近的時限，我很可能養成鬆散的工作習慣。

總結上述的觀察，納格帕和我能在學術界成功立足，並且避免和湯姆一樣的工作超載，有兩個原因：第一，固定時間表讓我們在激烈競爭中脫穎而出，透過無情地減少淺薄並保留深度，節省我們的時間而不減損創造新價值。我甚至認為，因為減少淺薄，所以有更多精力從事深度工作，讓我們的生產力遠超過採用一般不加思索的時間表。第二，設定時

限讓我們深思熟慮，組織我們的工作習慣，創造出比沒有組織的長時間工作更多的價值。

這個策略的重點是，它對大多數的知識工作都有相同的幫助。換言之，即使你不是教授，固定時間表仍能發揮強大功效。在大多數知識工作職位，要拒絕單獨來看好像無害的淺薄工作並不容易，例如喝杯咖啡的邀請，或是立刻接聽電話。固定時間表能把你的心態變成匱乏心態，任何不是深度工作的義務突然都變得必須質疑，以可能具有破壞性視之。你的標準回答從「好」變成「不」，占據你時間和注意力的門檻大幅提高，你開始以無比的效率來組織通過門檻的工作。

你也可以利用這個方法來測試你對公司工作文化的假設，原本你認為堅不可破的文化就變成可改變的。例如，下班後接到上司的電子郵件很常見，這個策略要求你忽視這些信件，直到第二天早上。許多人擔心這會引發問題，因為上司可能期待你回覆，但在許多情況下，上司只是剛好在晚上清理他的收件匣，並不表示他期待立即收到回覆。這個策略可以很快地幫助你發現這個事實。

換句話說，這是一種可培養、容易執行的習慣，但它的影響很廣泛。如果你必須選一種導引你邁向深度的行為，它

應該排在你優先考慮的方法之一。要是你對設定時限能讓你成功的說法還沒有把握，我建議你再看一次納格帕的職涯成就。與湯姆在線上惋嘆、身為年輕教授無法逃避沉重工作負荷的幾乎同一時間，納格帕正在慶祝執行固定時間表的期間，她創造的許多職業成就中最新的一項：她的研究登上《科學》期刊的封面報導。

策略 5 ——讓自己難以連絡

談到淺薄工作，若不談電子郵件就不算完整。這種典型的淺薄活動在占據大多數知識工作者的注意力上特別凶險，因為它帶來源源不斷指名找你的分心。無時無地不連線的電子郵件已變成我們職業習慣根深柢固的一部分，我們開始感到生活中不能少了它。正如弗里曼在 2009 年出版的書《電子郵件的暴政》中警告，這種科技的普及「讓我們慢慢喪失以審慎、複雜的方式解釋，為什麼我們不能抱怨、抗拒或重新設計我們的工作日，以便善加管理它」。電子郵件似乎是既定的現實，抗拒注定徒勞無功。

這個策略將矯正這種命定論。無法避免這項工具，並不表示你必須交出容許它影響你心智的權利。下面介紹的三個

要訣可以協助你，讓你重新掌控這種科技，以避免弗里曼發現的那種失控感。抗拒不見得徒勞無功，你對電子通訊的掌控力遠比你想像的大。

要訣 1：讓寄件者多做點事

大多數非小說類作家都很容易連絡，他們在自己的網站公布電子郵址，並公開邀請大家寄郵件給他們，可以提出任何要求或建議。許多人鼓勵這種回饋，認為是「建立讀者社群」這個備受吹捧的理念所不可或缺。不過，我不相信這一套。

如果你上我的網站的連絡資訊頁面，上面沒有通用的電子郵址，我只列出你可以針對具體目的連絡的個人，例如，有關權利的要求可以連絡我的著作代理人，演講的要求可以找我的演講代理人。如果你想連絡我，我提供專用的電子郵址，附帶說明我會回覆的條件，以及別期望太高：

如果你有能讓我的生活更有趣的提案、機會或推介，可以寄到我的郵址：interesting@calnewport.com。但基於前述的理由，我只回覆符合我時間表和興趣的提案。

我稱這種方法為「寄件者過濾器」，我要求寄郵件者自行過濾後才嘗試連絡我。這個過濾器大幅減少我花在收件匣的時間；在我使用寄件者過濾器前，我在自己的網站上列出標準的通用電子郵址，不意外的，我會收到大量冗長的電子郵件，要求我回答特定、而且通常很複雜的學業或職涯問題。我喜歡幫助人，但這些要求變得難以負荷，寄件者不需要花多少時間寫信，但我的回應卻需要很多解釋和篇幅。寄件者過濾器則消除了大部分這類的通訊，大幅減少了我收件匣的訊息數量。

　　至於我對幫助讀者的興趣，現在我把這股精力用在我審慎決定的條件上，讓它的影響最大化。例如，與其讓全世界的學生都寄一個問題給我，現在我與少數幾個學生團體密切合作，他們很容易連絡上我，而我能提供更實質且有效的教導。

　　寄件者過濾器的另一個好處是，它能設定期待心理。我的敘述中最重要的一行是：「我只回覆符合我時間表和興趣的提案。」這看起來不起眼，但對寄件人思考他們寄給我的訊息影響很大。一般人對電子郵件的看法是，除非你是名人，否則如果有人寄郵件給你，你就欠他一個回覆。因此，對大多數人來說，滿是訊息的收件匣會製造沉重的虧欠感。

藉由設定寄件人的期待，讓他們清楚你可能不會回覆，可以改變上述的經驗。現在，你可以在空閒時瀏覽收件匣，並且從中挑選你覺得適合回應的信件。成堆的郵件不再製造虧欠感，如果你想要的話，你可以忽視它們，而不會有不利的後果。就心理上來說，這是一大解脫。

我剛開始使用寄件者過濾器時，擔心那會給人自大的感覺，彷彿我的時間比對方寶貴，怕會得罪人。但這種顧慮並未發生，大多數人都接受我有權利掌控自己接收的訊息，因為他們也希望擁有同樣的權利。更重要的是，人們喜歡清楚的表達。大多數人在不抱期望時，也能接受沒收到回覆。（整體來說，公眾知名度不高的人，例如作者，會高估人們真的有多在乎收到回信。）

在一些例子中，這種期望設定甚至可能在你真的回信時為你贏得尊重。例如，一位線上刊物的編輯曾寄信邀請我發表文章，並根據我的過濾器預期我不會回覆。但我的回覆讓她喜出望外。以下是她敘述我們連絡的摘要：

> 當我寄電子郵件給卡爾，向他邀稿，我的期待並不高。他的說明沒提到任何邀稿的事，因此即使我沒收到任何音訊，也不會覺得不高興。但他回覆了，我樂翻了。

我使用的寄件者過濾器只是這個策略的例子之一。讓我們看看赫伯特（Clay Herbert）的情況，他是一位為科技新創公司籌辦群眾募資活動的專家，而這是一種吸引許多人連絡、希望獲得有用建議的職業。《富比士》網站在一篇談寄件者過濾器的報導中描述：「有時候連絡的人數超過赫伯特的負擔能力，因此他設定過濾器，把負擔還給尋求協助的人。」

　　赫伯特的出發點和我類似，但他的過濾器卻採用不同的形式。若想連絡他，你必須看過一篇常見問答，確定你的問題沒有人問過。在他設定過濾器前，他收到的大量訊息都是重複的問題。如果你通過常見問答的過濾，接著他會要求你填一份調查表，讓他進一步篩選與他的專長特別有關的訊息。通過這個步驟的人，赫伯特要求支付一小筆費用才能與他連絡。這筆費用與賺錢無關，是為了篩選認真想收到建議並採取行動的人而設。赫伯特的過濾器依然能讓他幫助別人、接觸有趣的機會，另一方面，也讓收到的信件減少到他能輕易處理的程度。

　　再舉一個例子，山坦諾（Antonio Centeno）經營一個很受歡迎的造型部落格「男子風格」（Real Man Style），他的寄件者過濾器包括一套兩個步驟的程序。如果你有問題，他會先引導你到一個公共討論區，讓你張貼問題。山坦

諾認為私下一對一重複回答相同的問題是浪費時間。如果你通過這個步驟，接著他會要你在小方塊上打勾，做出下列三個承諾：

☐　我不會問山坦諾在 Google 搜尋 10 分鐘就能找到答案的造型問題。

☐　我不會寄剪貼的垃圾郵件給山坦諾，促銷與他無關的業務。

☐　如果山坦諾在 23 小時內回覆，我會對隨機遇見的陌生人做一件好事。

你在三個承諾的小方塊上全部打勾後，讓你輸入訊息的方框才會出現在連絡頁面。

總結而言，電子郵件的科技帶來了改變，但目前指導我們如何應用這種科技的社會協定尚未發展成熟。寄來的訊息不管目的為何或寄件人是誰，不加區別地進到我們的收件匣，以及每一封訊息都應該（即時）被回覆的預期，都嚴重危害我們的生產力。寄件者過濾器是朝向改善這種情況的一小步，但效果可能很顯著，它也是未來將成為主流的概念——至少對有能力掌控連絡管道的創業家和自由工作者來說。我也希望看到大組織的辦公室內部通訊採用類似的原則，但基於第二章談到的原因，可能還需要很長的時間才能

實現。如果你的職務能做到這一點，不妨考慮以寄件者過濾器，奪回對時間和注意力的部分掌控權。

要訣 2：在你寄發或回覆電子郵件時多下點功夫

試想下列典型的電子郵件：

1. 「上週很高興認識你，我希望能繼續討論我們談到的一些問題，想一起喝杯咖啡嗎？」
2. 「我們應該繼續討論我上次拜訪時談到的研究問題。能否提醒我那個問題的現況？」
3. 「我試著把我們的討論寫成文章。請看附件。你有什麼高見？」

這三個例子對大多數知識工作者來說應該都很熟悉，它們代表許多塞滿我們收件匣的訊息。它們也是潛在的生產力地雷，你如何回覆，攸關你將花多少時間和注意力在後續的交談上。

特別是這種一來一往的電子郵件，會激發你想立即回覆，清空收件匣（雖然只是暫時）的本能。短期來看，快速回覆能略微紓解你的壓力，因為你正把信件暗示的責任從你的球場打回寄件人的球場。不過，這種紓解很短暫，因為責

任會一再彈回來，繼續消耗你的時間和注意力。因此，我建議面對這類問題時，正確的策略是在回覆之前暫停片刻，花時間回答下列的重要問題：

信件裡談的專案是什麼，以及從製造信件的角度來看，若要讓這個專案圓滿達成結論，最有效的流程是什麼？

回答了這個問題後，你的回信應該仔細描述你認為最有效的流程，指出目前的步驟，並強調下一個步驟是什麼。我稱之為電子郵件的「流程導向方法」，目的是把你收到的電子郵件數量，以及其製造的心智混亂降到最低。

為解釋這個方法為何管用，請看看如何以流程導向方法回覆前面提到的電子郵件：

電子郵件 1 的回信

我很樂於一起喝杯咖啡。我們在校園裡的星巴克見面吧。我列出下週有空的時間，兩天各三個時間，如果你能配合任何一天的時間就告訴我，我會把你的回信視為確認見面。如果日期和時間都不行，打下列的電話號碼給我，我們再安排適合的時間。期待與你見面。

電子郵件 2 的回信

我同意我們應該再談談這個問題。以下是我的建議：下週找個時間寫電子郵件給我，跟我說說你所記得我們上次對於這個問題的討論結果。收到你的信後，我會為這個專案設一個共用目錄，並增添一份摘要，加上我記得的內容。在這份文件裡，我會強調接下來三個最有希望的步驟。

我們可以先用幾週研究這些步驟，然後再約個時間，我建議從現在算起一個月後打個電話談這件事。我列出一些我可以電話討論的日期和時間，你回信時，註明你最方便的日期和時間，我會視為確定時間。期待與你深入研究這個問題。

電子郵件 3 的回信

謝謝你保持連絡。我會讀過這篇草稿，並在週五（10日）寄回加上我的評論的修訂版。我會做我能做的修改，並加上評論，讓你知道我認為可以改進的地方。到時候你應該會知道該怎麼修潤，並完成最後的文稿。我會讓你自己做。

在我寄回修訂版前，不必回覆這封信或做後續連絡，當然，除非有別的問題。

回信時，我會先確認信件所指的專案，此處的「專案」

是籠統的用法，它可能是明顯的大事，例如解決一項研究問題（第二封郵件），但也可以用於像安排喝咖啡時間這種小事（第一封郵件）。然後，我會花一兩分鐘思考如何以最少的信件往返，從現狀達到理想結果。最後一步是寫信，清楚描述這個流程。

以上是以回信為例，但你應該可以清楚看出，這個方法也適用於啟動信件往來的初始電子郵件。

應用這個方法，可以大幅降低電子郵件占用我們的時間和注意力。有兩個原因，第一，它能減少你收件匣的電子郵件數量。如果你不審慎回信，像安排喝咖啡這種小事，可能在幾天內累積出半打以上的信件。減少信件數量，進而減少你花在收件匣的時間，以及清理收件匣花費的腦力。

第二，借用《搞定！》作者艾倫的說法，一封好的流程導向電子郵件能立即終止你手上處理的專案繼續繞圈子。當一個專案因為你寄出或收到的一封電子郵件而啟動時，它便潛伏在你的心智，變成你的待辦事項，引起你的注意，提醒你必須解決。利用流程導向方法，可以在專案一形成時就關閉它繞圈子的路徑。思考整個流程，在你的工作清單和時間表上增添必要的承諾，並促使對方加快速度，你的心智就能重新掌控這個專案一度占據的空間。減少心智的混亂，意味

著你有更多的心智資源可以投入深度思考。

剛開始運用這個方法可能會感到不自然，首先，你要在寫信前花點時間思考你的訊息，這似乎會讓你花更多時間在電子郵件上，但重點是，此時你花的兩三分鐘，將在以後為你節省更多閱讀與回覆多餘信件的時間。

另一個問題是，流程導向的電子郵件可能令人感覺太正式、太具技術性。它利用有系統的時間表或決策樹，與目前社會習慣鼓勵談話式的電子郵件相違背。如果你擔心這一點，我建議你在信件中增添一段較長的談話式開場白。你甚至可以在開場白與流程導向的訊息間加上一條分隔線，或給它一個標題：「接下來的步驟提議」，讓技術性的語調感覺更融入背景。

最後，這些小問題還是值回票價。事先深思熟慮進出你收件匣的電子郵件，就可以大幅減少這種科技對你進行更有價值的工作的不利影響。

要訣 3：別回信

在我還是麻省理工學院的學生時，有機會與一些著名學者互動。當時我注意到許多學者都以一種奇特而少見的方法

處理電子郵件：收到電子郵件時，他們的標準反應是不回覆。

長期下來，我發現這種行為背後的哲學。談到電子郵件，他們認為，寄件人有責任說服收件人值得回信。如果你不能說服收件人，或不設法把教授回信的負擔減到最輕，你就不會收到回信。

例如，以下的電子郵件很可能收不到麻省理工學院許多大牌教授的回信：

嗨，教授。我希望找個時間來談 X 主題。你有空嗎？

回覆這封信需要花很多功夫。「你有空嗎？」很模糊，很難快速回答。此外，信中沒有解釋談論的事情為何值得教授花時間。在批評完後，以下是同一封信比較可能收到回信的版本：

嗨，教授。我正在 Y 教授的指導下進行類似 X 主題的計畫。我能不能在週四你上班時間最後 15 分鐘，向你更詳細解說我們做的研究，看看它能不能補充你正在進行的計畫？

與上封信不同，這封信明確說出為什麼值得約見，並把

收件人回信需要花費的功夫減到最小。

這個要訣要求你，以適合你的職業現況，複製這種專業考量到你的電子郵件上。為了做到這一點，在決定要回覆或不回覆哪些信件時，可以運用下列三個原則：

專業電子郵件篩選法
（如果符合下列任何一種情況，就別回信）
1. 內容模稜兩可，或讓你難以回覆
2. 不是你感興趣的問題或提議
3. 回覆對你不會有好處，或不回覆不會對你有壞處

這些情況中會有許多明顯的例外，例如，一封模稜兩可的信，談論的是你不感興趣的專案，但來自你公司的執行長，你就必須回覆。除了這些例外，這種專業方法要求你在決定是否點擊「回覆」時，要非常明快果斷。

剛開始你可能不習慣，因為你必須打破目前環繞電子郵件的一大成規：所有信件都得回覆，不管信件是否與你有關或重不重要。在你採用這個策略時，也無法避免一些壞事發生，有些人可能感到困惑或生氣——尤其是他們從未見過約定俗成的電子郵件成規被質疑或忽視。但這些都無關宏旨，正如作家費里斯（Tim Ferriss）曾寫道：「你要培養讓小

壞事發生的習慣。如果你不這麼做，就永遠沒有時間做改變生命的大事。」這應該能讓你稍感安慰，並且如同麻省理工學院的教授，了解到人們會很快適應並調整對你的通訊習慣的期待。你不迅速回信，或許也不是他們生活中的大事。

一旦你克服對這個方法的不習慣，你將開始體驗它的回報。當人們討論電子郵件超載的解決方法時，有兩種常見的說法，一種是寄電子郵件會製造更多電子郵件，另一種是與內容含糊或不相關的電子郵件搏鬥，是收件匣壓力的主要來源。這個策略能積極對治這兩個問題，讓你少寄電子郵件，並忽視那些不容易處理的郵件，進而大幅減少收件匣對你的時間和注意力的宰制。

CONCLUSION
結語

　　微軟公司創立的故事已經被述說過這麼多次，讓它蔚為傳奇。1974 年冬天，一個名叫蓋茲的哈佛年輕學生在《大眾電子》（*Popular Electronics*）雜誌封面，看到世界第一部個人電腦 Altair。蓋茲發現為這部電腦設計軟體的機會，於是放下一切，在艾倫（Paul Allen）和戴維多夫（Monte Davidoff）的協助下，花了八週時間為 Altair 拼湊出一套 BASIC 程式語言軟體。這個故事常被引述作為蓋茲遠見和膽識的例子，但近日的訪問揭露另一項在這個故事的快樂結局扮演關鍵角色的特質——蓋茲超人的深度工作能力。

　　2013 年，艾薩克森在哈佛校刊《哈佛公報》（*Harvard Gazette*）一篇談論這個主題的文章中解釋，蓋茲在那兩個月期間全心全意專注工作，經常寫程式寫到一半睡著。他會睡一兩個小時，再從中斷的地方恢復工作。這種能力至今仍

讓印象深刻的艾倫形容為「專注的天才展現」。艾薩克森後來在他的書《創新者們》（*The Innovators*）中總結蓋茲獨特的深度能力：「蓋茲與艾倫特質的差別是，艾倫的心思會在創意和熱情間跳躍，但蓋茲是完全著魔。」

在這個蓋茲著魔般專注的故事中，我們看到深度工作最強烈的形式。在快速演變的資訊時代的混亂中，我們很習慣喋喋不休的辯證。少數人隱約對人們如此關注智慧型手機感到不安，渴望重溫昔日從容不迫的專注時光；走在數位尖端的新潮派把這種懷舊視為反科技和無聊，並相信日益普及的連線是明日烏托邦的基礎。麥克魯漢（Marshall McLuhan）宣稱「媒體即訊息」，但當前我們對這些主題的討論暗示了「媒體即道德」——要是你沒上臉書的明日之船，就只能等著沉淪。

正如本書前言所強調的，我對這種辯論不感興趣。我堅持深度工作，不是一種道德立場，也不是哲學宣言，而是務實地承認專注力是一種創造價值的技術。換句話說，深度工作重要，並不是因為分心不好，而是因為深度工作讓蓋茲在不到一學期的時間，開創出一個無數億美元的產業。

這也是一個教訓，是我個人在職涯中一次又一次重新學習到的。我熱中於深度工作已十多年，但即使如此，它的力

量仍然經常讓我感到驚訝。我還在念研究所的期間,第一次採用這種技術,我發現,深度工作能讓我每年寫出兩篇經常被引述的高品質論文(對一個學生來說已屬難能可貴),而且我很少在工作日下午5點後工作,週末則通常完全不工作,這在我的同輩中是很少見的情況。

不過,當我要轉換成教授職時,我開始擔心。在學生和博士後研究員時期,我的工作很輕鬆,可以自行安排利用大部分的時間。我知道職涯的新階段將無法如此愜意,對於要把深度工作納入更繁重的時間表以維持生產力,我對自己沒有信心。與其坐困愁城,我決定採取對策,擬定一套強化深度工作能力的計畫。

這些訓練計畫是我在麻省理工學院最後兩年期間進行的,當時我正以博士後研究員身分尋求教授職。我的主要做法是,對我的時間表增加限制,以便適應當上教授後更有限的時間。除了晚上不工作的原則外,我開始在工作日延長午休時間,跑步回公寓吃午餐。我也在這段期間簽下我第四本書《深度職場力》(*So Good They Can't Ignore You*)的合約,當然,這個計畫很快占據我許多時間。

為了補償增加的新限制,我必須強化深度工作的能力。在各種方法中,我開始審慎畫出深度工作的時間方塊,保護

它們免於侵擾。我也發展出一個能力，在每週好幾個小時的步行時間內，仔細整理我的思維（這能提高我的生產力），並著迷於尋找因為沒有連線而有助於專注的地點。在夏季，我經常在巴克工程圖書館的圓頂下工作，這是一個宜人的洞穴，但在上課期間會變得十分熱鬧。到了冬季，我會找安靜的偏遠地點，最後找到我最偏愛的地方——設備齊全的路易士音樂圖書館。有一段期間，我甚至買了 50 美元的高檔格線實驗室筆記本，用來研究數學證明，認為花點錢可以刺激我更用心思考。

這些方法帶來很好的成效，令我喜出望外。我在 2011 年秋季接受喬治城大學電腦科學教授的職務後，負擔確實大幅加重，但我已經為這一刻訓練多時，我不但能維持研究的生產力，甚至還提高。之前我在無事一身輕的研究所期間每年發表兩篇好論文的紀錄，在出任負擔沉重的教授職後，躍增到平均一年四篇好論文。

但我很快便明白，自己還未達到深度工作的生產極限。這個教訓要到我成為教授的第三年才會學到。我在喬治城的第三年，也就是 2013 年秋季到 2014 年夏季期間，我再次審視自己的深度工作習慣，尋找更多改進的機會。主要原因之一是你正在閱讀的這本書，大部分內容就是在這段期間寫的。當然，寫一本七萬字的書會對我忙碌的時間表增添許多

限制，但我想確定，我的學術生產力不會因此受到影響。另一個讓我繼續強化深度能力的原因是，終身職審查已迫近。換句話說，這是一段證明我能力的時期。最後一個促使我再度投入深度工作的原因較為個人，我承認有點出於任性。我曾經申請過一項備受推崇、許多同事都得過的經費補助，但遭到拒絕。我既難過、又沒面子，因此決定，與其抱怨或沉溺在自我懷疑，我要藉由提升發表論文的速度和品質，來補償失去的補助經費，證明即使申請遭遇挫折，但我確實有料。

當時我已經是老練的深度工作者，而這三股力量驅策我把這種習慣再推向極限。我更嚴厲地拒絕浪費時間，並且開始在辦公室以外更偏僻的地點工作。我在書桌顯眼的位置擺放深度工作的時數統計表，如果時數增加的速度不夠快，我會悶悶不樂。也許影響最大的是，我恢復我在麻省理工學院時期，只要有適合的時間就在腦袋裡思索問題的習慣，不管是遛狗或通勤時。過去我在截止時間接近時會增加深度工作，但這一年我更猛踩油門，不管截止時間是否接近，幾乎每一週的每一天我都一心一意追求成果。我在搭地下鐵或鏟雪時解證明題；週末兒子午睡時，我在院子裡踱步沉思；堵在車陣中時，我會有條不紊地探索令我困思的問題。

隨著這一年過去，我已變成一部深度工作機器，而這個轉變的結果出乎我的意料。在我寫書和我的長子進入可怕的

兩歲階段的一年期間，我的學術生產力大增一倍多，發表了九篇高品質的論文，而且仍維持晚上不工作的原則。

———————

我必須承認，這一年的極端深度工作也許太極端了點，這在認知方面十分累人，往後我可能會略微寬鬆些。但這個經驗強調了我要談的重點：深度工作的威力遠超過大多數人的了解。就是堅持這種深度工作，讓蓋茲得以把握一次可遇不可求的機會，創造出全新的產業；它也讓我在決定寫一本書的那一年，學術生產力得以倍增。我想表達的是，遠離分心的多數人，加入專注的少數人，是一種大轉變的體驗。

當然，深度生活不見得適合每個人，它需要辛苦工作和激進地改變你的習慣。對許多人來說，快速的電子郵件通訊和社群媒體貼文所營造的人為忙碌能讓人感到舒適，而深度生活要求你必須放棄大部分這類事物。發揮你能力的極致，創造最好的東西，也被一種不安所環繞著，因為它強迫你面對你還不是那麼好的可能性。空談我們的文化，比跨入深度生活並嘗試改造世界來得安全。

然而，如果你願意放下這些舒適和恐懼，努力發揮心智的最大力量，創造有價值的事物，你將發現，跟以前走過這

條路的人一樣，深度工作能創造充滿生產力且有意義的生活。我在第一篇曾引述葛拉格說的話：「我將過專注的生活，因為那是最好的一種生活。」我同意，蓋茲也同意。現在，你讀完這本書，希望你也同意。

NOTES

附注

Introduction

Jung, Carl. *Memories, Dreams, Reflections*. Trans. Richard Winston. New York: Pantheon, 1963.

Currey, Mason. *Daily Rituals: How Artists Work*. New York: Knopf, 2013.

Bakewell, Sarah. *How to Live: Or A Life of Montaigne in One Question and Twenty Attempts at an Answer*. New York: Other Press, 2010.

Currey, Mason. *Daily Rituals*.

Weide, Robert. *Woody Allen: A Documentary*.

Sample, Ian. "Peter Higgs Proves as Elusive as Higgs Boson after Nobel Success." *Guardian*, October 9, 2013, http://www.theguardian.com/science/2013/oct/08/nobel-laureate-peter-higgs-boson-elusive.

https://twitter.com/jk_rowling.

Guth, Robert. "In Secret Hideaway, Bill Gates Ponders Microsoft's Future." *Wall Street Journal*, March 28, 2005, http://online.wsj.com/news/articles/SB111196625830690477.

http://web.archive.org/web/20031207060405/http://www.well.com/~neal/badcorrespondent.html.

Chui, Michael, et al. "The Social Economy: Unlocking Value and Productivity Through Social Technologies." McKinsey Global Institute. July 2012. http://www.mckinsey.com/insights/high_tech_telecoms_internet/the_social_economy.

Carr, Nicholas. "Is Google Making Us Stupid?" *The Atlantic Monthly*, July–August 2008. http://

www.theatlantic.com/magazine/ archive/2008/07/is-google-making-us-stupid/306868/.

Carr, Nicholas. *The Shallows*.

Barker, Eric. "Stay Focused: 5 Ways to Increase Your Attention Span." *Barking Up the Wrong Tree*. September 18, 2013. http://www.bakadesuyo.com/ 2013/09/stay-focused/.

Chapter 1

Tracy, Marc. "Nate Silver Is a One-Man Traffic Machine for the Times." *New Republic*, November 6, 2012. http://www.newrepublic.com/article/109714/nate-silvers-fivethirtyeight-blog-drawing-massive-traffic-new-york-times.

Allen, Mike. "How ESPN and ABC Landed Nate Silver." Politico, July 22, 2013. http://www.politico.com/blogs/media/2013/07/how-espn-and-abc-landed-nate-silver-168888.html.

Davis, Sean M. "Is Nate Silver's Value at Risk?" Daily Caller, November 1, 2012. http://dailycaller.com/2012/11/01/is-nate-silvers-value-at-risk/.

Marcus, Gary, and Ernest Davis. "What Nate Silver Gets Wrong." *The New Yorker*, January 25, 2013. http://www.newyorker.com/online/blogs/books/2013/01/what-nate-silver-gets-wrong.html.

David Heinemeier Hanson. http://david.heinemeierhansson.com/.

Lindberg, Oliver. "The Secrets Behind 37signals' Success." TechRadar, September 6, 2010. http://www.techradar.com/us/news/internet/the-secrets-behind-37signals-success-712499.

"OAK Racing." Wikipedia. http://en.wikipedia.org/wiki/OAK_Racing.

"John Doerr." Forbes. http://www.forbes.com/profile/john-doerr/.

Brynjolfsson, Erik, and Andrew McAfee. *Race Against the Machine: How the Digital Revolution Is Accelerating Innovation, Driving Productivity, and Irreversibly Transforming Employment and the Economy*. Cambridge, MA: Digital Frontier Press, 2011.

Cowen, Tyler. *Average Is Over*. New York: Penguin, 2013.

Rosen, Sherwin. "The Economics of Superstars." *The American Economic Review* 71.5 (December 1981): 845–858.

Hickey, Walter. "How to Become Nate Silver in 9 Simple Steps." Business Insider, November 14, 2012. http://www.businessinsider.com/how-nate-silver-and-fivethityeight-works-2012-11.

Silver, Nate. "IAmA Blogger for FiveThirtyEight at The New York Times. Ask Me Anything." Reddit. http://www.reddit.com/r/IAmA/comments/166yeo/iama_blogger_for_fivethirtyeight_at_the_new_york.

"Why Use Stata." www.stata.com/why-use-stata/.

Sertillanges, Antonin-Dalmace. *The Intellectual Life: Its Spirits, Conditions, Methods*. Trans. Mary Ryan. Cork, Ireland: Mercier Press, 1948.

Ericsson, K.A., R.T. Krampe, and C. Tesch-Romer. "The Role of Deliberate Practice in the Acquisition of Expert Performance." *Psychological Review* 100.3 (1993): 363–406.

Ericsson, Krampe, and Tesch-Romer. "The Role of Deliberate Practice in the Acquisition of Expert Performance."

Coyle, Daniel. *The Talent Code: Greatness Isn't Born. It's Grown. Here's How.* New York: Bantam, 2009.

Colvin, Geoffrey. *Talent Is Overrated: What Really Separates World-Class Performers from Everybody Else.* New York: Portfolio, 2008.

https://mgmt.wharton.upenn.edu/profile/1323/.

Grant, Adam. *Give and Take: Why Helping Others Drives Our Success.* New York: Viking Adult, 2013.

Dominus, Susan. "The Saintly Way to Succeed." *New York Times Magazine*, March 31, 2013: MM20.

Newport, Cal. *How to Become a Straight-A Student: The Unconventional Strategies Used by Real College Students to Score High While Studying Less.* New York: Three Rivers Press, 2006.

Leroy, Sophie. "Why Is It So Hard to Do My Work? The Challenge of Attention Residue When Switching Between Work Tasks." *Organizational Behavior and Human Decision Processes* 109 (2009): 168–181.

Savitz, Eric. "Jack Dorsey: Leadership Secrets of Twitter and Square." Forbes, October 17, 2012. http://www.forbes.com/sites/ericsavitz/2012/10/17/jack-dorsey-the-leadership-secrets-of-twitter-and-square/3/.

http://www.forbes.com/profile/jack-dorsey/.

Chapter 2

Hoare, Rose. "Do Open Plan Offices Lead to Better Work or Closed Minds?" CNN, October 4, 2012. http://edition.cnn.com/2012/10/04/business/global-office-open-plan/.

Strom, David. "I.M. Generation Is Changing the Way Business Talks." *New York Times*, April 5, 2006. http://www.nytimes.com/2006/04/05/technology/techspecial4/05message.html.

Tsotsis, Alexia. "Hall.com Raises $580K from Founder's Collective and Others to Transform Realtime Collaboration." TechCrunch, October 16, 2011. http://techcrunch.com/2011/10/16/hall-com-raises-580k-from-founders-collective-and-others-to-transform-realtime-collaboration/.

https://twitter.com/i/lists/54340435.

Franzen, Jonathan. "Jonathan Franzen: What's Wrong with the Modern World." *Guardian*, September 13, 2013.

Waldman, Katy. "Jonathan Franzen's Lonely War on the Internet Continues." Slate, October 4, 2013. https://slate.com/technology/2013/10/jonathan-franzen-says-twitter-is-a-coercive-development-is-grumpy-and-out-of-touch.html.

Weiner, Jennifer. "What Jonathan Franzen Misunderstands About Me." New Republic, September 18, 2013, http://www.newrepublic.com/article/114762/ jennifer-weiner-responds-jonathan-franzen.

Treasure, Julian. "Sound News: More Damaging Evidence on Open Plan Offices." Sound Agency, November 16, 2011. https://www.thesoundagency.com/blog/open-plan-office-sound/.

Mark, Gloria, Victor M. Gonzalez, and Justin Harris. "No Task Left Behind? Examining the Nature of Fragmented Work." Proceedings of the SIGCHI Conference on Human Factors in Computing Systems. New York: ACM, 2005.

Packer, George. "Stop the World." The New Yorker, January 29, 2010, https://www.newyorker.com/news/george-packer/stop-the-world.

Cochran, Tom. "Email Is Not Free." Harvard Business Review, April 8, 2013. http://blogs.hbr.org/2013/04/email-is-not-free/.

Piketty, Thomas. Capital in the Twenty-First Century. Cambridge, MA: Belknap Press, 2014.

Manzi, Jim. "Piketty's Can Opener." National Review, July 7, 2014. http://www.nationalreview.com/corner/382084/pikettys-can-opener-jim-manzi.

Perlow, Leslie A., and Jessica L. Porter. "Making Time Off Predictable—and Required." Harvard Business Review, October 2009. https://hbr.org/2009/10/making-time-off-predictable-and-required.

Allen, David. Getting Things Done. New York: Viking, 2001.

https://www.youtube.com/watch?v=Bgaw9qe7DEE

http://articles.latimes.com/1988-02-16/news/mn-42968_1_nobel-prize/2.

http://calnewport.com/blog/2014/04/20/richard-feynman-didnt-win-a-nobel-by-responding-promptly-to-e-mails/.

Crawford, Matthew. Shop Class as Soulcraft. New York: Penguin, 2009.

Mann, Merlin. "Podcast: Interview with GTD's David Allen on Procrastination." 43 Folders, August 19, 2007. http://www.43folders.com/2006/10/10/productive-talk-procrastination.

Schuller, Wayne. "The Power of Cranking Widgets." Wayne Schuller's Blog, April 9, 2008. http://schuller.id.au/2008/04/09/the-power-of-cranking-widgets-gtd-times/.

Babauta, Leo. "Cranking Widgets: Turn Your Work into Stress-free Productivity." Zen Habits, March 6, 2007. http://zenhabits.net/cranking-widgets-turn-your-work-into/.

Carlson, Nicholas. "How Marissa Mayer Figured Out Work-At-Home Yahoos Were Slacking Off." Business Insider, March 2, 2013. http://www.businessinsider.com/how-marissamayer-figured-out-work-at-home-yahoos-were-slacking-off-2013-3.

Rubin, Alissa J., and Maia de la Baume, "Claims of French Complicity in Rwanda's Genocide Rekindle Mutual Resentment." New York Times, April 8, 2014. http://www.nytimes.com/2014/04/09/world/africa/claims-of-french-complicity-in-rwandas-genocide-rekindle-mutual-resentment.html.

Postman, Neil. *Technopoly: The Surrender of Culture to Technology*. New York: Vintage Books, 1993.

Morozov, Evgeny. *To Save Everything, Click Here*. New York: Public Affairs, 2013.

Chapter 3

http://www.doorcountyforgeworks.com.

http://www.pbs.org/wgbh/nova/ancient/secrets-viking-sword.html.

Gallagher, Winifred. *Rapt: Attention and the Focused Life*. New York, Penguin, 2009.

Frederickson, Barbara. *Positivity: Groundbreaking Research Reveals How to Embrace the Hidden Strength of Positive Emotions, Overcome Negativity, and Thrive*. New York: Crown Archetype, 2009.

Carstensen, Laura L., and Joseph A. Mikels. "At the Intersection of Emotion and Cognition: Aging and the Positivity Effect." *Current Directions in Psychological Science* 14.3 (2005): 117–121.

Csikszentmihalyi, Mihaly. *Flow: The Psychology of Optimal Experience*. New York: Harper & Row Publishers, 1990.

Larson, Reed, and Mihaly Csikszentmihalyi. "The Experience Sampling Method." *New Directions for Methodology of Social & Behavioral Science*. 15 (1983): 41-56.

http://en.wikipedia.org/wiki/Experience_sampling_method.

Dreyfus, Hubert, and Sean Dorrance Kelly. *All Things Shining: Reading the Western Classics to Find Meaning in a Secular Age*. New York: Free Press, 2011.

https://www.youtube.com/watch?v=DBXZWB_dNsw.

Hunt, Andrew, and David Thomas. *The Pragmatic Programmer: From Journeyman to Master*. New York: Addison-Wesley Professional, 1999.

Rule 1

Hofmann, W., R. Baumeister, G. Forster, and K. Vohs. "Everyday Temptations: An Experience Sampling Study of Desire, Conflict, and Self-Control." *Journal of Personality and Social Psychology* 102.6 (2012): 1318–1335.

Baumeister, Roy F., and John Tierney. *Willpower: Rediscovering the Greatest Human Strength*.

New York: Penguin Press, 2011.

Baumeister, R., E. Bratlavsky, M. Muraven, and D. M. Tice. "Ego Depletion: Is the Active Self a Limited Resource?" *Journal of Personality and Social Psychology* 74 (1998): 1252–1265.

https://profiles.stanford.edu/donald-knuth.

"My Ongoing Battle with Continuous Partial Attention." http://web.archive.org/web/20031 231203738/http://www.well.com/~neal/.

"Why I Am a Bad Correspondent." http://web.archive.org/web/20031207060405/http://www. well.com/~neal/badcorrespondent.html.

Stephenson, Neal. *Anathem*. New York: William Morrow, 2008.

"Interview with Neal Stephenson." GoodReads.com, September ,2008. http://www.goodreads. com/interviews/show/14.Neal_Stephenson.

Isaac, Brad. "Don't Break the Chain." Lifehacker.com. http://lifehacker.com/281626/jerry -seinfelds-productivity-secret.

Hitchens, Christopher, "Touch of Evil." *London Review of Books*, October 22, 1992. http://www. lrb.co.uk/v14/n20/christopher-hitchens/touch-of-evil.

Isaacson, Walter, and Evan Thomas. *The Wise Men: Six Friends and the World They Made*. New York: Simon and Schuster Reissue Edition, 2012.

http://books.simonandschuster.com/The-Wise-Men/Walter-Isaacson/9781476728827.

Darman, Jonathan. "The Marathon Man," *Newsweek*, February 16, 2009.

http://dailyroutines.typepad.com/daily_routines/2009/02/robert-caro.html.

http://dailyroutines.typepad.com/daily_routines/2008/12/charles-darwin.html.

Currey, Mason. "Daily Rituals." *Slate*, May 16, 2013. http://www.slate.com/articles/arts/ culturebox/features/2013/daily_rituals/john_updike_william_faulkner_chuck_close_they_ didn_t_wait_for_inspiration.html.

Brooks, David. "The Good Order." *New York Times*, September 25, 2014, op-ed. http://www. nytimes.com/2014/09/26/opinion/david-brooks-routine-creativity-and-president- obamas-un-speech.html

Gros, Frederick. *A Philosophy of Walking*. Trans. John Howe. New York: Verso Books, 2014.

https://www.therowlinglibrary.com/2016/06/01/the-balmoral-hotel-where-j-k-rowling- finished-harry-potter-and-the-deathly-hallows/.

Johnson, Simon. "Harry Potter Fans Pay £1,000 a Night to Stay in Hotel Room Where JK Rowling Finished Series." *Telegraph*, July 20, 2008. http://www.telegraph.co.uk/news/ celebritynews/2437835/Harry-Potter-fans-pay-1000-a-night-to-stay-in-hotel-room- where-JK-Rowling-finished-series.html.

Birnbaum, Robert. "Alan Lightman." Identity Theory, November 16, 2000. http://www.

identitytheory.com/alan-lightman/.

Pollan, Michael. *A Place of My Own: The Education of an Amateur Builder*. New York: Random House, 1997.

"Shockley Invents the Junction Transistor." PBS. http://www.pbs.org/transistor/background1/events/junctinv.html.

"Where's Your Home?" Peter Shankman's website, July 2, 2014, http://shankman.com/where-s-your-home/.

Machan, Dyan. "Entrepreneurs with ADHD learn to tackle their information overload." Caseymooreinc.com. http://www.caseymooreinc.com/wp-content/uploads/2011/08/article-EntrepreneursADHD-SmartMoney2011-08.pdf.

Wong, Venessa. "Ending the Tyranny of the Open-Plan Office." *Bloomberg Businessweek*, July, 2013. http://www.bloomberg.com/articles/2013-07-01/ending-the-tyranny-of-the-open-plan-office.

Prigg, Mark. "Now That's an Open Plan Office." *Daily Mail*, March, 2014. http://www.dailymail.co.uk/sciencetech/article-2584738/Now-THATS-open-plan-office-New-pictures-reveal-Facebooks-hacker-campus-house-10-000-workers-ONE-room.html.

Konnikova, Maria. "The Open-Office Trap." *The New Yorker*, January 7, 2014. http://www.newyorker.com/business/currency/the-open-office-trap.

Stevenson, Seth. "The Boss with No Office." *Slate*, May 4, 2014. https://slate.com/business/2014/05/open-plan-offices-the-new-trend-in-workplace-design.html.

Lehrer, Jonah. "Groupthink." *The New Yorker*, January 30, 2012. http://www.newyorker.com/magazine/2012/01/30/groupthink.

Gertner, Jon. "True Innovation." *New York Times*, February 25, 2012. http://www.nytimes.com/2012/02/26/opinion/sunday/innovation-and-the-bell-labs-miracle.html.

"Transistorized!" PBS. http://www.pbs.org/transistor/album1/.

McChesney, Chris, Sean Covey, and Jim Huling. *The 4 Disciplines of Execution*. New York: Simon and Schuster, 2004.

Christensen, Clayton. "How Will You Measure Your Life?" Harvard Business Review, July–August, 2010. http://hbr.org/2010/07/how-will-you-measure-your-life/ar/1.

Brooks, David. "The Art of Focus." *New York Times*, June 3, 2013. http://www.nytimes.com/2014/06/03/opinion/brooks-the-art-of-focus.html?hp&rref=opinion&_r=2.

Kreider, Tim. "The Busy Trap." *New York Times*, June 30, 2013. http://opinionator.blogs.nytimes.com/2012/06/30/the-busy-trap/.

Jabr, Ferris. "Why Your Brain Needs More Downtime." *Scientific American*, October 15, 2013. http://www.scientificamerican.com/article/mental-downtime/.

Dijksterhuis, Ap, Maarten W. Bos, Loran F. Nordgren, and Rick B. van Baaren, "On Making the Right Choice: The Deliberation-Without-Attention Effect." *Science* 311.5763 (2006): 1005–1007.

Berman, Marc G., John Jonides, and Stephen Kaplan. "The Cognitive Benefits of Interacting with Nature." *Psychological Science* 19.12 (2008): 1207–1212.

Berman, Marc. "Berman on the Brain: How to Boost Your Focus." Huffington Post, February 2, 2012. http://www.huffingtonpost.ca/marc-berman/attention-restoration-theory-nature_b_1242261.html.

Kaplan, Rachel, and Stephen Kaplan. *The Experience of Nature: A Psychological Perspective.* Cambridge: Cambridge University Press, 1989.

Ericsson, K.A., R.T. Krampe, and C. Tesch-Romer. "The Role of Deliberate Practice in the Acquisition of Expert Performance." *Psychological Review* 100.3 (1993): 363–406.

Masicampo, E.J., and Roy F. Baumeister. "Consider It Done! Plan Making Can Eliminate the Cognitive Effects of Unfulfilled Goals." *Journal of Personality and Social Psychology* 101.4 (2011): 667.

Rule 2

Rosner, Shmuel. "A Page a Day," *New York Times*, August 1, 2012. http://latitude.blogs.nytimes.com/2012/08/01/considering-seven-and-a-half-years-of-daily-talmud-study/.

"The Myth of Multitasking." http://www.npr.org/2013/05/10/182861382/the-myth-of-multitasking.

Powers, William. *Hamlet's BlackBerry: Building a Good Life in a Digital Age.* New York: Harper, 2010.

"Author Disconnects from Communication Devices to Reconnect with Life." *PBS NewsHour*, August 16, 2010. http://www.pbs.org/newshour/bb/science-july-dec10-hamlets_08-16/.

Morris, Edmund. *The Rise of Theodore Roosevelt.* New York: Random House, 2001.

http://mentalathlete.wordpress.com/about/

Lieu Thi Pham. "In Melbourne, Memory Athletes Open Up Shop." ZDNet, August 21, 2013. https://www.zdnet.com/article/in-melbourne-memory-athletes-open-up-shop.

http://www.world-memory-statistics.com/competitor.php?id=1102.

Foer, Joshua. *Moonwalking with Einstein: The Art and Science of Remembering Everything.* New York: Penguin, 2011.

Carey, Benedict. "Remembering, as an Extreme Sport." *New York Times* Well Blog, May 19, 2014.

Yates, Frances. *The Art of Memory.*

Rule 3

Thurston, Baratunde. "#UnPlug," *Fast Company* , July–August, 2013. http://www.fastcompany.com/3012521/unplug/baratunde-thurston-leaves-the-internet.

"Why I'm (Still) Not Going to Join Facebook: Four Arguments That Failed to Convince Me." http://calnewport.com/blog/2013/10/03/why-im-still-not-going-to-join-facebook-four-arguments-that-failed-to-convince-me/.

"Why I Never Joined Facebook." http://calnewport.com/blog/2013/09/18/why-i-never-joined-facebook/.

http://smithmeadows.com/.

"Malcolm Gladwell Attacks NYPL: 'Luxury Condos Would Look Wonderful There,' " Huffington Post, May 29, 2013. http://www.huffingtonpost.com/2013/05/29/malcolm-gladwell-attacks-_n_3355041.html.

Allan, Nicole. "Michael Lewis: What I Read." The Atlantic, March 1, 2010. https://www.theatlantic.com/culture/archive/2010/03/michael-lewis-what-i-read/331643.

Carr, David. "Why Twitter Will Endure." *New York Times*, January, 2010. http://www.nytimes.com/2010/01/03/weekinreview/03carr.html.

Packer, George. "Stop the World." *The New Yorker*, January 29, 2010. https://www.newyorker.com/news/george-packer/stop-the-world.

Koch, Richard.*The 80/20 Principle*. New York: Crown, 1998.

Ferriss, Tim. *The 4- Hour Workweek* . New York: Crown, 2007.

http://en.wikipedia.org/wiki/Pareto_principle.

"Day 3: Packing Party." The Minimalists. http://www.theminimalists.com/21days/day3/.

"Average Twitter User Is an American Woman with an iPhone and 208 Followers." *Telegraph*, October 11, 2012. http://www.telegraph.co.uk/technology/news/9601327/Average-Twitter-user-is-an-an-American-woman-with-an-iPhone-and-208-followers.html.

Bennett, Arnold. *How to Live on 24 Hours a Day*. http://www.gutenberg.org/files/2274/2274-h/2274-h.htm.

Rule 4

"Workplace Experiments: A Month to Yourself." Signal v. Noise, May 31, 2012. https://signalvnoise.com/posts/3186-workplace-experiments-a-month-to-yourself.

Weiss, Tara. "Why a Four-Day Work Week Doesn't Work." Forbes. August 18, 2008. www.forbes.com/2008/08/18/careers-leadership-work-leadership-cx_tw_0818workweek.html.

"Forbes Misses the Point of the 4-Day Work Week." Signal v. Noise, August 20, 2008. http://signalvnoise.com/posts/1209-forbes-misses-the-point-of-the-4-day-work-week.

Fried, Jason. "Why I Gave My Company a Month Off." Inc., August 22, 2012. http://www.inc.com/magazine/201209/jason-fried/why-company-a-month-off.html.

Ericsson, K.A., R.T. Krampe, and C. Tesch-Romer. "The Role of Deliberate Practice in the Acquisition of Expert Performance." Psychological Review 100.3 (1993): 363–406.

Chalabi, Mona. "Do We Spend More Time Online or Watching TV?" Guardian, October 8, 2013. http://www.theguardian.com/politics/reality-check/2013/oct/08/spend-more-time-online-or-watching-tv-internet.

Vanderkam, Laura. "Overestimating Our Overworking." Wall Street Journal, May 29, 2009. http://online.wsj.com/news/articles/SB124355233998464405.

"Deep Habits: Plan Your Week in Advance," August 8, 2014. http://calnewport.com/blog/2014/08/08/deep-habits-plan-your-week-in-advance.

"The Awesomest 7-Year Postdoc or: How I Learned to Stop Worrying and Love the Tenure-Track Faculty Life," Scientific American, July 21, 2013. https://blogs.scientificamerican.com/guest-blog/the-awesomest-7-year-postdoc-or-how-i-learned-to-stop-worrying-and-love-the-tenure-track-faculty-life/.

"The Fame Trap." Volatile and Decentralized, August 4, 2014. http://matt-welsh.blogspot.com/2014/08/the-fame-trap.html.

https://news.harvard.edu/gazette/story/2014/02/robots-to-the-rescue-2.; Science 343.6172 (February 14, 2014): 701–808.

Freeman, John. The Tyranny of E-mail: The Four-Thousand-Year Journey to Your Inbox. New York: Scribner, 2009.

http://calnewport.com/contact/.

Glei, Jocelyn. "Stop the Insanity: How to Crush Communication Overload." 99U, http://99u.com/articles/7002/stop-the-insanity-how-to-crush-communication-overload.

Simmons, Michael. "Open Relationship Building: The 15-Minute Habit That Transforms Your Network." Forbes, June 24, 2014. http://www.forbes.com/sites/michaelsimmons/2014/06/24/open-relationship-building-the-15-minute-habit-that-transforms-your-network/.

http://www.realmenrealstyle.com/contact/.

"The Art of Letting Bad Things Happen." The Tim Ferriss Experiment, October 25, 2007. http://fourhourworkweek.com/2007/10/25/weapons-of-mass-distractions-and-the-art-of-letting-bad-things-happen/.

Conclusion

Isaacson, Walter. "Dawn of a Revolution." Harvard Gazette, September, 2013. http://news.harvard.edu/gazette/story/2013/09/dawn-of-a-revolution/.

Isaacson, Walter. The Innovators. New York: Simon and Schuster, 2014.

Manes, Stephen. *Gates: How Microsoft's Mogul Reinvented an Industry—and Made Himself the Richest Man in America*. New York: Doubleday, 1992.

Newport, Cal. *So Good They Can't Ignore You: Why Skill Trumps Passion in the Quest for Work You Love*. New York: Business Plus, 2012.

http://people.cs.georgetown.edu/~cnewport.

人生顧問 433

Deep Work 深度工作力：淺薄時代，個人成功的關鍵能力【暢銷新裝版】

作　　者－卡爾・紐波特（Cal Newport）
譯　　者－吳國卿
主　　編－陳家仁
編　　輯－黃凱怡
企　　劃－藍秋惠
封面設計－廖韡
內頁排版－李宜芝

總 編 輯－胡金倫
董 事 長－趙政岷
出 版 者－時報文化出版企業股份有限公司
　　　　　108019 台北市和平西路三段 240 號 4 樓
　　　　　發行專線－ (02)2306-6842
　　　　　讀者服務專線－ 0800-231-705・(02)2304-7103
　　　　　讀者服務傳真－ (02)2304-6858
　　　　　郵撥－ 19344724 時報文化出版公司
　　　　　信箱－ 10899 臺北華江橋郵局第 99 信箱
時報悅讀網－ http://www.readingtimes.com.tw
法律顧問－理律法律事務所 陳長文律師、李念祖律師
印　　刷－勁達印刷有限公司
初版一刷－ 2017 年 7 月 21 日
二版五刷－ 2024 年 4 月 3 日
定　　價－新台幣 400 元
（缺頁或破損的書，請寄回更換）

時報文化出版公司成立於一九七五年，
並於一九九九年股票上櫃公開發行，於二〇〇八年脫離中時集團非屬旺中，
以「尊重智慧與創意的文化事業」為信念。

Deep Work 深度工作力：淺薄時代，個人成功的關鍵能力 / 卡爾 . 紐波特
(Cal Newport) 著；吳國卿譯 . -- 二版 . -- 臺北市：時報文化出版企業股份
有限公司 , 2021.11

譯自：Deep work : rules for focused success in a distracted world

ISBN 978-957-13-9472-5(平裝)

494.35　　　　　　　　　　　　　　　　　　110015534

ISBN 978-957-13-9472-5
Printed in Taiwan